汉译世界学术名著丛书

超穷数理论基础

（第2版）

〔德〕格奥尔格·康托 著

陈杰 刘晓力 译

商务印书馆

2018年·北京

Georg Cantor

CONTRIBUTIONS TO THE FOUNDING OF
THE THEORY OF TRANSFINITE NUMBERS

Translated, and Provided With an Introduction and Notes, by P. E. B. Jourdain

New York: Dover Publications, Inc., 1915, and Cosimo Classics, 2007

本书根据纽约多佛出版社 1915 年本和科西摩古典出版社 2007 年本译出

格奥尔格·康托（Georg Ferdinand Ludwig Philipp Cantor），德国数学家，集合论的创始人。1845年3月3日生于俄罗斯圣彼得堡，自1869年任职于德国哈雷大学，直到1918年1月6日去世。

汉译世界学术名著丛书
出 版 说 明

　　我馆历来重视移译世界各国学术名著。从 20 世纪 50 年代起，更致力于翻译出版马克思主义诞生以前的古典学术著作，同时适当介绍当代具有定评的各派代表作品。我们确信只有用人类创造的全部知识财富来丰富自己的头脑，才能够建成现代化的社会主义社会。这些书籍所蕴藏的思想财富和学术价值，为学人所熟悉，毋需赘述。这些译本过去以单行本印行，难见系统，汇编为丛书，才能相得益彰，蔚为大观，既便于研读查考，又利于文化积累。为此，我们从 1981 年着手分辑刊行，至 2016 年年底已先后分十五辑印行名著 650 种。现继续编印第十六辑、十七辑，到 2018 年年底出版至 750 种。今后在积累单本著作的基础上仍将陆续以名著版印行。希望海内外读书界、著译界给我们批评、建议，帮助我们把这套丛书出得更好。

商务印书馆编辑部

2018 年 4 月

"Hypothesis non fingo."
"Neque enim leges intellectui aut rebus damus
ad arbitrium nostrum, sed tanquam scribe
fideles ab ipsius nature voce lates et prolatas
excipimus et desribimus."
"Veniet tempus, quo ista que nunc latent, in
lucem dies extrahat et longioris avi dligentia."

"不作任何假设。"
"我们绝不按照自己的意图
把法则强加于心智或事物
而是如同忠实的抄录员，
从自然的启示中接受这些法则并记录它们。"
"这一天一定会来临，届时
那些现在对我们来说是隐蔽的东西终被揭示出来。"

中译者言

（第 2 版）

2015年是康托的《超穷数理论基础》这部经典发表整整120周年。100多年来，集合论研究已经由素朴集合论转向公理集合论，并逐渐成为数学领域的一个独立分支。20世纪80年代以来，公理集合论取得了长足进展，由康托提出的连续统假设问题如今也已经成为公理集合论中一个重要的研究方向。追本溯源，这些进展主要得益于康托所创立的超穷数理论及其深刻的"无穷"观念。本书不仅有助于了解当初集合论的素朴风貌，也有助于理解现代公理集合论中那些重要问题的理论源头，这也正是经典之为经典的价值所在。

20年前，1995年，恰逢《超穷数理论基础》发表100周年，我与陈杰先生翻译的中文译本在内蒙古大学出版社出版，在学界产生了一定影响。后来，常有对集合论、数学和科学思想史有兴趣的学生、专家或询问或索要译本，但我手头已没有了存本，大学图书馆和书店里也几乎看不到它的踪影，在一些学者的建议下才有了重新出版的想法。

陈杰先生早年毕业于北京大学数学系并留校任教，1957年他受命赴内蒙古创建内蒙古大学数学系，并出任第一届系主任。陈先生是我大学时代数学的启蒙老师。1995年的译本，原由我译出全部初稿，请时任副校长的陈先生审校。不想，陈先生竟然花了两个假期的时间与我共读这部经典。每天下午在他家的书房里，他用纯正的英文逐字逐句读原文，又与我逐字逐句讨论译文的表达。与其说是审校，不如说是先生带着我重读重译这部经典，这让我更深入地理解了康托思想的精髓，也避免了初稿中的错讹和不当；在整个过程中，陈先生对于数学思想史的远见卓识、他精益求精的学者风范，以及他对后学不遗余力循循善诱的胸怀，更是令我感佩之至，深受教益。本书重新出版，使康托经典得以更好地传播、泽被后人，是陈先生和我的共同心愿，也是我对逝去整整10年的恩师陈杰先生最好的纪念。

感谢商务印书馆对本书的出版给予的大力支持，感谢陈杰先生的女儿陈雪香女士给予我的最大信任。北京大学逻辑学专业的赵晓玉博士审读了译稿，协助我修订了第一版的译名和名词索引，并以LaTeX软件精心排版。我的博士生马醒初对原译本中一些不当之处和脚注中未注明原文的地方做了校正。对他们两位的工作，在此深表谢意。

另外，此版中译名采用《超穷数理论基础》以代替第一版的《超穷数理论基础文稿》的理由是，虽然本书的确是康托关于超穷数理论的两篇文稿，但考虑到这两篇文稿展现的是康托如何创立超穷数理论的过程及理论本身，也考虑到书名的简洁性，删除"文稿"二字更加适宜。同时，为便于阅读，第二版中译本的目录较第一版中译本和英译本更加细化，《引言》部分的子节与《超穷数理论基础》第一部分和第二部分的子节出现在了目录中。所有的脚注均为英文译本中所原有。

刘晓力

2015年8月30日于北京

中译者言

（第 1 版）

本书是一部数学经典，它记录了百年前数学领域的一项惊人成就，同时也是数学与哲学思想史上一场深刻的革命，这就是格奥尔格·康托（Georg Cantor）惊世骇俗的超穷数理论的创立。对康托来说，"无穷"是实有的。它们可以不同，可以比较大小，可以进行数学运算，甚至可以对其进行超穷归纳，等等。康托关于无穷的研究从根本上背离了传统，因此一开始就在数学正统派营垒里引起了激烈的争论，乃至遭受严厉的谴责。不仅数学权威克朗内克（Leopold Kronecker）把康托说成是科学的骗子和叛徒，而且庞加莱（Henri Poincaré）将超穷数理论视作数学发展史上的一场"灾难"，甚至还有哲学家和神学家反对康托的思想：一个长达几十年的学术大辩论也由此引发。许多年内，康托的名字就意味着论辩和对立，这不禁使人想起，历史上哥白尼（Nicolai Copernicus）以他惊人的理论去校正占据长达千年统治地位的地心说时，曾经经历过痛苦的过程，并为之付出了血与火的代价。当论战的硝烟沉落时，罗素（Bertrand A. W. Russell）称赞康托的工作"可能是这个时代所能夸耀的最巨大的成就"。除去科学思想上的伟大意义，康托的理论还直接导致现代集合论的建立，也极大地刺激和推动了数理逻辑的发展，而逻辑和现代集合论则构成了全部数学的基础，希尔伯特（David Hilbert）更视超穷数理论为"数学思想最惊人的产物"。

本书是从朱得因（Philip E. B. Jourdain）的英译本转译的。 原文是康托分别于1895 和1897年发表在 《数学年鉴》（*Mathematische Annalen*） 上题为 "Beiträge zur Begründung der transfiniten Mengenleche" I和II的两篇论文，这是康托二十多年关于超穷数理论研究的最后总结，也是这一不朽理论的定型文稿。 按康托的原题，本书应译作《超穷集合论基础文稿》，朱得因以他"英译者言"中的理由，把本书译为《超穷数理论基础文稿》，我们沿用了此译名。

本书从英译本转译有两方面的原因，一是我们没有找到上世纪的《数学年鉴》，即康托原文的出处；更为重要的是，英译者得益于康托本人给他的一封长信，为英译本加了一个长篇"引言"，追踪了康托集合论产生和发展的详细过程，他还加了一个"附录"，扼要介绍了1897年到1915年英译本出版这段时间超穷数理论的进一步发展，这些对了解康托的工作无疑是有益的。

译者就翻译过程中遇到的一些问题，曾请教了康宏逵、郑毓信、袁向东、吴持哲几位先生，在此谨向他们表示诚挚的谢意。我们还要感谢内蒙古大学出版社的同志们，他们为本书的出版付出了辛勤的劳动。

陈 杰 刘晓力

1994年10月于内蒙古大学

目　　录

英 译 者 言

本书包括格奥尔格·康托的两篇非常重要的论文，题为
"Beiträge zur Begründung der transfiniten Mengenleche"，分别
于1895年和1897年*发表在《数学年鉴》（*Mathematische Annalen*）
上。由于这两篇论文中研究的主要是各类超穷基数和超穷序数，
而不是通常意义下的"集合论"（*Mengenlehre, théorie des ensem-bles*）——这类集合的元素多为那些可看作一维或多维空间中几何
"点"的实数或复数——我认为使用本书现的译名较为恰当。

这两篇论文是康托自1870年开始发表的长篇系列文章中若干
最重要成果的逻辑精炼。要想体会康托方面所做工作的极端重要
性，我认为有必要对康托关于点集理论的早期研究进行专门而又
全面的考察。正是这些研究第一次表明提出超穷数的必要性，而
且也只有对这些研究进行考察，我们中的大多数才能消除对超
穷数的引入所带来的任意性乃至不可靠性的担忧。不仅如此，我
们还有必要，特别是通过魏尔斯特拉斯等人的工作去追溯导致康
托工作的那些研究的历史过程。因此，我在本书前面加了一个引
言，回顾了19世纪函数论的一部分进展，比较详细地谈到了魏尔
斯特拉斯及其他人的基础性研究，以及康托在1870年到1905年间

---

* 第四十六卷, 1895, 第481-512页；第四十四卷, 1897, 第207-416页。

所做的工作。书后的附录对1897年以后超穷数理论的发展作了一个扼要的介绍。引言和附录所用的资料，极大地受益于许多多年前康托教授寄给我的关于集合论的一封长信。

康托工作所引起的哲学革命的影响恐怕要超过其数学封面的影响。数学家大多愉快地接受了康托这个不朽理论的基础，对它寄予厚望，仔细考察并使之更加完善；但是许多哲学家却反对它。这恐怕是由于他们中很少有人能真正理解它。希望本书使数学家和哲学家能对康托的理论有更好的认识。

最深刻地影响着现代纯粹数学，间接地也影响着与之密切相关的现代逻辑和哲学的最值得称道的三个人是卡尔·魏尔斯特拉斯（Karl Weierstrass）、理查德·戴德金（Richard Dedekind）和格奥尔格·康托。戴德金的大部分工作沿着与康托相平行的方向展开，把戴德金的《连续性和无理数》、《数的性质及其意义》和康托的工作加以比较将会是很有意思的。戴德金这几部著作出色的英译本已由本书的出版商出版。*

这里所介绍的康托的论文已有法文译本，†但至今还没有英文译本。由于顺利地获得翻译出版此书，我要感谢莱比锡的托依布纳（B. G. Teubner）以及柏林的《数学年鉴》的出版者。

朱得因（Philip E. B. Jourdain）

---

* 《数论辑录》（*Essays on the Theory of Numbers*），I.《连续性和无理数》（*Continuity and Irrational Numbers*），II.《数的性质及其意义》（*The Nature and Meaning of Numbers*），贝曼（W. W. Beman）译，芝加哥，1901，简称《数论辑录》（*Essays on Number*）。

† 马洛特（F. Marotte），《超穷数理论基础》（*Sur les foundents de la théorie des ensembles transfinis*），巴黎，1899。

引　言

I

　　要想可靠地通过个人去追溯从19世纪直到今天仍然深刻影响着纯数学分析那些基本概念的源头，人们不能不想到傅利叶（Jean Baptiste Josphe Fourier, 1768-1830）的工作。作为一流的物理学家，傅利叶曾非常明确地表述过自己对数学的见解，即只有通过有助于解决物理问题才能证明数学自身的合理性。然而，函数、函数的"连续性"、无穷级数和积分的"收敛性"等一般数学概念，最初的确是傅利叶作为对热传导问题的一种粗糙的解的副产品提出来的，而这也刺激了函数论的形成和发展。当认识到数学是对大量复杂的数据进行适当逻辑处理的卓有成效的手段，并且只有完全弄清楚我们所使用的有关方法和得出的相关结论的每一个细节后才能确信其逻辑可靠性的时候，这位视野开阔的物理学家便认可了这种产生于物理学概念的数学方法的精细发展。理论数学家懂得，纯数学本身最终是与哲学息息相关的。但是，我们没有必要在这里论证纯数学的合理性，而只需指出它在物理学概念中的起源。不过我们也已经指出，物理学甚至可以论证纯数学的大多数现代进展的合理性。

II

19世纪，函数论的两大分支不断发展并独立开来：一方面，狄里克雷（P. Dirichlet）给出了傅利叶关于三角级数相关结果的严格基础，由此导致了对一元实变量（单值）函数的一般概念和函数（特别是三角级数式）展开问题的研究；另一方面，柯西（Louis Cauchy, 1789-1857）逐步认识到单变量复变函数这一特殊概念的重要性，同时魏尔斯特拉斯在很大程度上独立于柯西建立了他的复变函数理论。

受柯西和狄里克雷研究方向的影响，黎曼（G. Rieman）对复变函数论进行了进一步的研究，并大大发展了柯西的工作，同时在1884年的"大学授课资格论文"中，他还尽可能地对狄里克雷关于一元实变函数展开为三角级数问题的部分解进行了推广。

黎曼在这两方面的工作给汉克尔（Hankerl）留下了深刻印象。在1870年的一篇论文中，汉克尔企图揭示，一元实变函数理论必然导致某些限制和扩充，而正由于这些限制和扩充，人们才开始了实变函数黎曼理论的相关研究。汉克尔的这些工作，使他赢得了一元实变函数理论奠基人的称号。大约与此同时，在黎曼的"大学授课资格论文"的直接影响下，海涅（Heine）也开始对三角级数进行一系列新的研究。

正是在格奥尔格·康托研究了汉克尔的论文并将它应用于三角级数展开的唯一性定理后，我们才最终见到康托无理数概念和关于点集或数集的"导集"概念，而导集概念是魏尔斯特拉斯为了严格处理他在柏林关于解析函数的讲座中提出的某些基本问题时引入的。从此，点集理论很快成为一门极其重要的独立理论。1882年，独立于集合的含义，康托最终定义了第一次出现在数学中的"超穷数"概念。

III

19世纪，关于弦振动问题的研究* 引起了一些人的争论。一方面，达朗贝尔（J. D' Alembert）主张，由振动问题导出的偏微分方程的通解中的任意函数必须具有某些特定的性质，才使得它们能够与当时已知的可以解析表示的函数相一致，从而避免函数在每一点上都是完全任意的。另一方面，欧拉（Euler）则对在分析中引入这类"任意"函数的合理性进行了辩护。后来，伯努里（Daniel Bernoulli）给出了函数的一个无穷三角级数式的解，并宣称在一定的物理背景下他的解与达朗贝尔的解具有同样的一般性。但欧拉指出，这仅当一个任意函数† $\varphi(x)$ 能够表示成如下形式的级数时才是正确的：

$$\varphi(x) = \sum_{\nu} a_{\nu} \sin \frac{\nu \pi x}{t}。$$

---

* 参考我在《数学和物理学文集》（*Archive der Mathematik and Physik*）第三辑，第十卷，1906，第225-256页和《爱西斯》（*Isis*），第一卷，1914，第670-677页中的文章。这个引言的大部分选自我的《超穷级数的发展》，载于上述《文集》第三辑，第十卷，第254-281页；第十四卷，1909，第289-311页；第十六卷，1910，第21-43页；第二十二卷，1913，第1-12页。

† 关于欧拉所说的"任意函数"，就是他称之为"不连续"的那种函数。但这并不指我们现在（柯西之后）所说的那种不连续函数，参见我发表在《爱西斯》（*Isis*）第一卷，1994，第661-703页上的文章。

实际上 $\varphi(x)$ 甚至未必总能展开为一个幂级数，这一点也是首先由傅利叶在研究同一数学问题时指出的。这方面最早的工作见于 1807 年他写给法兰西科学院关于热传导的通信。傅利叶还确定了三角级数

$$\varphi(x) = \frac{1}{2}b_0 + b_1 \cos x + b_2 \cos 2x + \cdots a_1 \sin x + a_2 \sin 2x + \cdots$$

的系数具有如下形式：

$$b_\nu = \frac{1}{\pi} \int_{-\pi}^{+\pi} \varphi(\alpha) \cos(\nu\alpha) \, \mathrm{d}\alpha, \quad a_\nu = \frac{1}{\pi} \int_{-\pi}^{+\pi} \varphi(\alpha) \sin(\nu\alpha) \, \mathrm{d}\alpha。$$

这一结果很可能独立于先前欧拉和拉格朗日关于**有穷的**三角级数系数的一个类似结果。傅利叶还给出了其级数收敛性的一个几何证明，尽管形式上并不能说是严格的，但其中包含了狄里克雷证明的萌芽。

第一个严格表述傅利叶级数的是狄里克雷* 。他把级数的前 n 项和表示成一个定积分，然后证明当 n 趋于无穷且当这个函数满足某些条件时，积分的极限就是三角级数表示的那个函数。1864 年利普希茨（Lipshitz）把这些条件稍稍弱化了一些。

这样，傅利叶的工作导致人们对某类与代数函数有着完全不同特性的函数进行了重点考察和严格处理。在这之前，人们不约而同地把那些代数函数看成是分析中唯一的函数类型。从此以后，研究这些非代数函数就成为分析的任务之一了。

---

* 《限定条件下用于表示任意函数的三角级数的收敛性问题》(Sur la convergence des séries trigonométriques qui servent à représenter une fonction arbitraire entre des limites données)，《数学杂志》(*Journ für Math.*)，第四卷，1829，第157-169页；《全集》(*Ges. Werke*)第一卷，第117-132页。

19世纪初期，一种更为特殊的虚变量，或称复变量的一元函数理论发展了起来。高斯（Carl Friedrich Gauss, 1777-1855）至少在某种程度上熟知这一理论，但是他没有发表过自己的成果，所以这一理论的建立最终归功于柯西。*柯西不像高斯那样高瞻远瞩、富有洞见，因此这一理论发展比较缓慢，柯西本人对"虚数"的偏见也是迟迟才有所克服。回顾1814年到1846年这段历史，我们可以看到，一开始傅利叶的思想对柯西的观念产生了强烈影响，后来柯西对他人的新思想越来越不敏感，与此同时这位气量狭小的天才做出了大量的成果。柯西总是以能在法兰西科学院每周一次的会议上提交论文而自豪。他之所以这样，恐怕部分归因于他的多产作品并不都是那么重要。不但如此，柯西似乎基本上没有认识到一元复变函数理论的极端重要性，而他却为该理论的建立做了大量的工作。这一任务自然地落在了布里奥（Briot）、布凯（Bouquet）、皮瑟（Puiseux）和其他人的身上，而黎曼又以最令人惊异的方式发展了这一理论。

黎曼或许应该感谢他的老师狄里克雷影响他致力于位势理论和三角级数理论的研究。前者是一元复变函数论早期发展（1851）所使用的主要工具。黎曼在一篇关于函数可否由三角级数表示的论文（1854年就有人读过，但直到他逝世后才发表）中，不仅奠定了所有三角级数现代理论研究的基础，而且推动了汉克尔的研究方法的产生，从而宣告了一元实变函数论作为一门独立学科的诞生。汉克尔研究的动力来源于对黎曼一元复变函数论基

---

* 参见朱得因的《柯西和高斯的函数论》（The Theory of Functions with Cauchy and Gauss），《数学全书》（*Bibl. Math.*）第三辑，第六卷，1905，第190-207页。

础的反思。汉克尔的目的是要指出，数学如何迫切地需要我们超出狄里克雷曾间接阐述过的函数的最一般概念而引进复变量概念，从而最终导致黎曼就职演讲中作为出发点的那个函数概念。为此，汉克尔于1870年对狄里克雷构想的各种可能性进行充分考察之后，开始撰写他的论文《无穷振荡且不连续的函数的研究；关于建立一般函数概念的文稿》。

黎曼在1854年的论文中，从如下狄里克雷只解决了它的一种特殊情形的一个一般问题入手：如果一个函数可以展开为一个三角级数，当自变量连续变化时，这个函数的值将发生什么变化？（就是说，函数能以何种最一般的方式由连续变成不连续并具有极大、极小值）。傅利叶已经注意到，当自变量是实变量时，傅利叶级数可能只对 x 的实数值收敛。黎曼的问题没有得到完全的解答，也许正是由于这一点，他的结果未在生前发表；然而幸运的是，我们特别关心的部分（它似乎实现了，而且不只是实现了狄里克雷修正无穷小分析原理的企图）是，他给出了一个函数 $f(x)$ 可积的充分必要条件。这是黎曼的研究工作的必要前提。这样，黎曼就能给予积分法以一种较柯西甚至较狄里克雷广得多的含义。事实上，黎曼构造了一个可积函数，它在独立变量的任意无限接近的两个上下界之间都有无穷多个不连续点。这个函数的构造如下：设 x 是一个实变量，(x) 表示 x 对距它最近的那个整数的（正的或负的）增量，如果 x 恰在两个整数之间，则 (x) 为零，这样，(x) 是一个 x 的单值函数，它在 $n + \frac{1}{2}$ 处不连续，（其中 n 是一个整数，正的、负的或零）并且分别以 $\frac{1}{2}$ 和 $-\frac{1}{2}$ 为上下界。进一步，对整数 ν，(νx) 是在点 $\nu x = n + \frac{1}{2}$ 或 $x = \frac{1}{\nu}(n + \frac{1}{2})$ 处不连续的函数。

于是，级数

$$f(x) = \sum_{\nu=1}^{\infty} \frac{(\nu x)}{\nu^2}$$

对所有形如 $x = \frac{p}{2n}$ 的 x 值都不连续，其中 p 是一个与 n 互素的奇数，$\frac{1}{\nu^2}$ 是为了保证级数对所有的 x 都收敛而附加的因子。1870年，汉克尔在某些方面进行推广的正是这种方法。在黎曼的例子中出现的是一个分析表达式，因而它是在欧拉 意义上的一个"函数"，但由于它有那么多奇点，因而不具有黎曼的"复变函数"的那些一般特性。受到这个例子的启示，汉克尔给出了一种种方法，可以构造在每个有理点上具有奇异性的分析表达式。这样，在某些保留下，他可以说，每个狄里克雷意义上的"函数"也是欧拉 意义上的"函数"。

然而，对康托影响最大的似乎不是黎曼、汉克尔以及他们的追随者（尽管这些人的工作与康托在某些方面的工作密切相关），而是和黎曼同时代的魏尔斯特拉斯，他以非常不同甚至更严格的方法研究了复变解析函数论中许多相同的问题。

IV

卡尔·魏尔斯特拉斯在1857年进入柏林科学院的演讲中说过，1839-1840 年冬，在老师古德曼（Gudermann）的影响下，他第一次接触到椭圆函数理论，就强烈地被分析的这一分支吸引着。"现在，在数学的任意领域总是高瞻远瞩的阿贝尔（Niels Henrik Abel）建立了一个定理，它包括了产生近代代数微分的积分中所有的超越性，而这一定理对于这些超越性所具有的重要意义犹如欧拉积分对于椭圆函数所有的意义……；雅可比（Jacobi）成功地确定了**多变量**周期函数的存在性，在阿贝尔的定理中已经给出了这种函数的基本特性。通过这一存在性定理，阿贝尔定理的真实含义及其本质重要性得到了证实。我认为具体地去表达和探究这些在分析中尚无先例的全新类型对象的特性，是数学的主要问题之一，在我认清了问题的重要意义以后，我立刻下决心致力于去解决它们。当然在我还没有透彻掌握这种问题的真正含义并首先对一些难度较小的有关问题进行一番彻底研究之前，我不幻想问题能得到什么解决。"

关于上述魏尔斯特拉斯工作的**目标**，我们这里只是提一下，但他行事的**方式**，也就是它所讲的要"透彻掌握"，对于我们所感兴趣的函数理论产生了决定性的影响。下面我们撇开他关于解析函数的早期著作（虽然1884年发表）、后期的同类著作以及他关于阿贝尔函数的著作不论，来考察他关于算术基础的极端重要的工作，正是解析函数论严格化的需要使他对算术基础进行了研究。

我们说过，魏尔斯特拉斯工作最根本的目的似乎是研究阿贝尔函数，但是在米塔格－莱夫勒（Gosta Mittag-Leffler）保存的1886年夏季的一个系列讲座的引言中*，魏尔斯特拉斯却阐述了另一种更具哲学味的观点，他说："为了深入到数学科学领域中去，研究那些能指示给我们以其他的外延和内涵的特殊问题是

---

* 《魏尔斯特拉斯之后函数理论的算术基础》（Sur les fondements arithmétiques de la théorie des fonctions d'après Weierstrass），1909，《斯德哥尔摩数学大会论文集》（Congrès des Mathématiques àStockholm）第10页。

必要的。但是应随时牢记，我们的最终目标是对科学基础可靠性的判定。"

　　1859年魏尔斯特拉斯在柏林大学开始了关于解析数论的讲座。用我们现在的观点来看，这个讲座的重要意义在于，魏尔斯特拉斯由于很自然地要特别注意这一理论的系统阐述，从而不得不仔细考察它的基础。

　　首先，魏尔斯特拉斯函数理论的特点之一是不采用黎曼用过的柯西和高斯的复积分法；在1875年10月3日给施瓦兹 （H. A. Schwarz）的信中，魏尔斯特拉斯说，他相信在函数理论的系统化建立过程中，不用积分的方法会更好一些。

　　"……越是对函数理论原理的不断思索，我越加坚信这一理论必须建立在代数真理的基础上，因此，相反地，利用**超越**方法（这是我的一种简单说法）来建立那些简单而基本的代数定理绝不是正确的途径，无论这种方法多么吸引人，例如黎曼借此曾发现了代数函数那么多最重要特性。当然，对于**真正的**发现者，条条大路通罗马是不言而喻的，但我考虑的只是理论的系统化建立。"

　　其次，比积分问题更重要得多的是，对解析函数理论的系统**全面的**处理是把魏尔斯特拉斯引向对算术基本原理的深入研究，而这种研究最重要的结果是他的无理数理论，这个理论对全部数学所具有的重要意义怎么估计都不会过分。我们当前要研究的主题实际上可以说是几乎完全由这一理论以及康托后来发展了的成果引出的。

　　在解析函数理论中，我们经常不得不用到如下定理，若给定复平面内任意有界区域中的一个无穷点集，则在该区域中至少存在一个点，使得包含这个点的任何邻域都含有该给定点集中无穷多个点。数学家习惯于用如下有点含糊的语言表述这一点："存在一点，在它的附近，某些给定的点彼此无限接近"。如果我们为了证明该定理，使用一种看似自明的方法，即将给定区域（或其中一个部分）逐次二等分，其中之一是一个无穷点集*，我们就能得到所要的结果，即存在这样一点，在它的**任意**邻域内都有一个属于该给定无穷点集的另一个点，也就是说，存在一个所谓的"聚点"。但这当且仅当我们已证：对每一无穷"和"来说，它的**每个**有穷部分"和"都不超过一个有限数（有理或无理数）时，上述定理才能成立。与这一命题相应的几何命题也许会被认为是自明的；但是，如果我们关于函数理论的理想（在魏尔斯特拉斯那个时代，这个理想长时间被认为是合理的，甚至是部分地实现了的）是要将这一理论仅仅建立在整数概念的基础之上，†那么这一命题就会引导我们去研究像魏尔斯特拉斯所建立的那种无理数理论。关于至少存在一个聚点的定理是由魏尔斯特拉斯借助逐次二等分的方法给予证明的，其重要性也是他所特别强调的。

---

*这一方法首先由波尔察诺（Bernhard Bolzano）在1817年使用。

†在拉格朗日、高斯、柯西和波尔察诺的著作中，可以看到分析学逐步从几何学中分离的过程，这是当时数学家们日益追求在逻辑上严格定义其概念和演绎证明的产物，也是逐步发现其概念和方法局限性的结果。然而，只有在证明了所有的纯数学概念（包括数的概念）都是逻辑概念这一相对现代的观点之后，把分析建立在纯算术的基础之上——如人们所说的分析的"算术化"——和逻辑的严格性之间的真正联系才能够明确地和令人信服地显现出来。这个相对现代化的论点是我们必须加以研究的，它是我们正在阐述其形成过程的（超穷数）理论的最重要的结论之一。

魏尔斯特拉斯在解析函数的讲座的引言中强调指出，当我们接受了整数的概念后，算术理论就不需要更多其他假定，而能以纯逻辑的方式建立起来。他同时强调，在计数中，一一对应的概念是最基本的。但是，正是在他纯算术地引进无理数的过程中，与传统见解的重大分歧出现了。这一点上可以通过考察不可公度量的历史看出。

古希腊人发现了不可公度的几何量的存在，由此逐渐认识到作为科学的算术和几何具有同一性并没有逻辑上的基础，这一见解可能至少部分地源于对著名的芝诺（Zeno）论证的深入考察。解析几何事实上把几何与算术或者更恰当地说是与**泛算术**（*arithmetia universalis*）看作是同一的。而在魏尔斯特拉斯之前，无理"数"的引入总明显地或暗含地是几何的。牛顿（Newton）和他的大部分后继者都认为数的基础是几何。直到19 世纪，柯西仍明确地采取这一立场。在1821年的《分析教程》（*Course d'analyse*）的开头，他这样定义"极限"："当一个变量的后继取值无限地接近于一个固定的值，使得最后与这个值的距离要多近有多近，则这个固定的值就称为其他这些值的'**极限**'"，他还指出，"因此，无理数是越来越逼近它的分数的'极限'"。如果我们把上面这一句话作为一个定义（当然柯西并没有这样做，虽然很多别的人这样做了），则一个"无理"数就定义为某些有理数之和的极限，这里我们事先假定了那些和**有极限**。在另一场合，柯西还把一个级数$u_0, u_1, u_2, \cdots$，当它的前n项和$s_n = u_0 + u_1 + u_2 + \cdots + u_{n-1}$，随着$n$的增大无限接近一个确定的极限，称作这个级数是**收敛的**，然后指出："根据上述那些原则，要想级数$u_0, u_1, u_2, \cdots$收敛，其充分必要条件是，随着n增大这个和s_n无限逼近一个确定的极限s，换言之，对于无限大的n，这些和$s_n, s_{n+1}, s_{n+2}, \cdots$与$s$之差，从而它们彼此之差都是无穷小量"。因此级数$u_0, u_1, u_2, \cdots$收敛的充分必要条件是对于不同的$m$，当$n$增大时，不同的和$u_n + u_{n+1} + \cdots + u_{n+m}$之间的差最终可以小于任意事先给定的数。

如果我们已知和s_n有一个极限s，立即可以证明上述条件的必要性；但是充分性（即如果对任意给定的正有理数ε，总可以找到一个整数n，使得

$$|s_n - s_{n+\gamma}| < \varepsilon,$$

其中γ是任意整数，则极限s存在）则要求一个定义好了的实数系，使得我们假定其存在的极限是这个实数系中的一员。把实数定义为一个"收敛"级数的极限包含了明显的循环论证，因为如上所述，所谓"收敛"级数指的是一个**有极限**的级数，如果我们不仅考虑极限为有理数的情形，这里已经包含了我们预先定义的一个"实数"了。*

如果我们把满足上述条件的$s_n, s_{n+1}, \cdots$，设想为一条直线的长度，则对于"直觉"来讲，似乎显然存在一个（可公度或不可公度的）"极限"长度s；基于此，我们似乎可以把柯西的实数理论说成是几何的，但是这样一个几何的理论不能被逻辑地承认，

---

* 关于波尔察诺、汉克尔和斯笃兹（Stolz）企图在不假定算术理论的前提下算术地证明上述准则的充分性这一点，见《奥斯特瓦尔德经典》（*Ostwald's Klassiker*），第153号，第42、95、107页。

从而魏尔斯特拉斯指出，有必要以一种不依赖于"极限"的手法来定义实数。

　　简要地说一下，所有那些在魏尔斯特拉斯之前自称是算术地引入的无理数理论*都包含如下的逻辑错误：我们从有理数系出发，定义一个有理数无穷级数的"和"（一个有理数列的极限），然后就以这种方式上升到实数系概念。错误在于我们忽视了这样一个事实，即有理数的无穷级数的"和"(b)，只有当已经定义好了实数，并且 b 是其中之一时才有意义。对于魏尔斯特拉斯理论的**合理性**，康托说：† "这种为魏尔斯特拉斯首先避免逻辑的错误早期几乎普遍未受到注意，这是由于它是一种极其少见的情形，就是说实实在在的逻辑错误却并未导致哪怕稍微重大一点的计算错误。"

　　因此，必须记住，无理数的算术理论一定不能用某些无穷过程的"极限"（它的存在并非总是没有问题的）来定义无理数，只有在定义了无理数之后我们才能对究竟什么情况下无穷序列能确定一个极限这个问题进行任何可能的讨论。

　　依魏尔斯特拉斯之见，一个数称为是"确定"了的，如果我们知道它是由哪些基底（*elements*）组成，并且知道每个基底在其中出现几次。考虑由整数部分和它的无穷小数部分组成的数，魏尔斯特拉斯称任意一个集合，当其中的基底和基底出现的（有

---

*必须记住柯西的理论并不是这种理论之一，他并未企图算术地定义实数，只不过简单地假定了它们基于几何直觉的存在。

†《数学年鉴》第二十一卷, 1883, 第566页。

穷）次数已知时，*为一个（确定了的）"数量"（*Zahlengrösse*）。一个由有穷多个基底组成的集合就等于它所包含的基底之和，两个具有有穷多个基底的集合被认为相等，如果它们所包含的基底之和相等。

有理数r称为包含在数量a中，如果我们能够从a中分离出一个与r相等的子集。如果能够指定一个有理数R，使得每个包含在数量a中的有理数都小于R，则我们说数量a是"有穷的"。"两个数量a和b是相等的"，如果每个包含在a中的有理数都包含在b中，并且**反之亦然**，当a和b不相等时，则至少存在一个有理数包含在a里，但不包含在b里，或者至少存在一个有理数包含在b里，但不包含在a里。在第一种情况下，我们说，a"大于"b，在第二种情形下，则说a"小于"b。

魏尔斯特拉斯称如下集合确定的数量c为a和b的"**和**"：集合由a或b中出现的那些基底组成，每个基底在c中出现的次数是它在a中出现的次数加上在b中出现的次数。a和b的**积**定义这样的数量，它是由a中每个基底和b中每个基底以所有可能的方式相乘所得的基底构成的集合确定的。同样方式可以确定任意有穷多个数量的乘积。

无穷多个数量$a, b, \cdots$的"**和**"定义为集合(s)，它的元素（至少）出现在$a, b, \cdots$之一中，这些元素每一个出现的次数(n)，等于它在a中出现的次数，加上它在b中出现的次数，等等。要想s是有穷的和确定的，其必要条件是它的每个基底只出现有穷多次，而其充分必要条件是我们能够指定一个数N，使得任意有

---

*它并不意味着基底的个数是有穷的。

穷多个数量$a, b, \cdots$的和小于N。

这些就是魏尔斯特拉斯实数理论的主要之点，我们应该认识到，对魏尔斯特拉斯来说，这些新数是过去有了明确定义的数的集合。这个反复出现在大部分教科书中的观点有着显著的优越之处，这是罗素首先给予充分强调的。其优越之处在于，在这个理论中极限的**存在性**是可以证明的。也就是说，可以通过具体构造来证实确实有一个实数，它满足"有穷性"即收敛性条件的某个级数的极限。如果实数不是通过恰当的定义来引入，而是我们头脑的自由创造，或者更坏，只是作为一种"符号"*，则这种存在性是不可能得到证明的。

如果考察一个由诸多实数构成的无穷集，或者为了形象化，将这些数看成与一条直线上的点对应，我们得到一个无穷"点集"，于是有如下定理：在直线上，至少有一点，在这一点上的任意小邻域内，都有该集合中无穷多个点。正如我们前面提到的，魏尔斯特拉斯的证明是通过波尔察诺的逐次二分法给出的，即不断地将该区间平分，使得其中含有给定点集中的无穷多个点。这一方法定义了一个数量，即问题中的"聚点"（*Häufungsstelle*）。对复数域上的二维区域类似定理成立。

对于若干实数量x，如果它们中的每一个都小于某个有穷数，则可以定义一个"上极限"，它是这样一个数量G，它不小于任意x，且或者某些x等于G，或者某些x位于任意小的区间$(G, \cdots, G - \delta)$内，端点G除外。类似地可以定义"下极限"g。

必须注意，如果这些x作为一个**有穷**集合，则它的上极限就是这些x中的一个，而如果集合是无穷的，则**也可能**有一个x是上极限，在这种情况下，它可能但不必然地是一个聚点。如果上极限不在原集合中，则这个集合的上极限（它的存在性证明类似于聚点的存在性证明，不仅如此，它还是**唯一的**）一定是一个聚点。因此关于"上极限"的上述表述中，从"或者某些x"到"除外"为止这段话可该作"总有某些x位于可任意小的区间$(G,\cdots,G-\delta)$内，且端点G包含在内"。

关于（一般的或"狄里克雷"的）实变量单值函数的上下极限理论也是由魏尔斯特拉斯加以发展并强调的。特别是有如下定理：如果对于从a到b区间内部的x，对应值$y=f(x)^*$的上极限是G，则在这个区间内，至少存在一点$x=X$，使得对应于X的任意小的邻域内的函数值y的上极限也是G。类似地有关于下极限定理。

如果对应于$x=X$的y值是G，则这个上极限称为y值的"极大值"，如果$y=f(x)$是x的一个**连续**函数，则上极限就是极大值，换言之，一个**连续**函数可达到它的上、下极限。连续函数还可以取到上、下极限之间的每个值至少一次，这一点是波尔察诺（1817年）和柯西（1821年）证明的。然而魏尔斯特拉斯的实数理论第一次使这些证明严格化了。[†]

---

　*即使对区间$a\leq x\leq b$中的每一个给定的x来说，y都是有穷的，也并不能保证所有这样的y的绝对值必然小于某个有穷数（例如定义在区间$0\leq x\leq 1$的函数$f(x)$，当$x>0$时，$f(x)=\frac{1}{x}$，且$f(0)=0$），但如果它们这些y确实都如此（例如一致收敛级数之和的情形），则这些y值有一个上述意义上的有穷上、下极限。

　†另外，有一个源于柯西和布瓦－雷蒙（Paul du Bois-Reymond）的类似于上、下极限

　　认识到下面这点是极端重要的，即直到魏尔斯特拉斯的时代，像无穷集合的聚点理论以及函数论赖以建立的基础——无理数理论这样的课题几乎还没有人研究过，而且也从未获得过这样重要的成果，魏尔斯特拉斯对算术基本原理的研究比之前人要深入得多。但我们也必须认识到，另有一些问题，例如整数本身的性质问题，魏尔斯特拉斯就没能做出什么有价值的贡献。从逻辑上讲，这些问题可视为基本的算术问题，然而在历史上却是最后才加以研究的。在研究这些问题之前，由于康托超穷级数的发现，算术还必然经历有穷或超穷**基数**和**序数**的理论这一发展过程。而且在很大程度上，这一理论的需要昭示人们，算术理论在逻辑上需要像戴德金、弗雷格（Frege）、皮亚诺（Peano）和罗素所做的那样进一步的加强和发展。

V

　　格奥尔格·费迪南·路德维希·菲利普·康托（Georg Ferdinand Ludwig Philipp Cantor）1845年3月生于圣彼得堡，在那儿生活到1856年；1856年到1863年住在德国南部（威斯巴登，美茵河畔的法兰克福和达姆施塔特）；从1863年秋到1869年复活节居住在柏林。1869年他成为哈雷（Halle）大学的无薪讲师，1872年为副教授，1877年成为正教授。* 在柏林做学生时，康托受到魏尔

的概念。对于每个无穷集和，都有（可达的）上、下聚点，用拉丁文 "*Limites*" 表示。

　　* 我们这里将要特别加以考虑的论文是康托的著作中最重要的部分，分别发表在：《数学杂志》，第二十二卷和第三十四卷，1874 和1878；《数学年鉴》（*Math. Ann.*），第四卷，1871，第五卷，1872，第十五卷，1879，第十七卷，1880，第二十卷，1882，第二十一卷，1883 上。

斯特拉斯的教益，在他的第一批数学论文中就有一些内容部分地
与无理数理论有关，其中，他用一个满足柯西收敛条件的数列代
替魏尔斯特拉斯那个满足一定条件含无穷多个基底的复杂对象，
魏尔斯特拉斯的条件虽与康托的条件等价，但在计算中使用起来
不够方便。

　　无理数理论是康托在关于三角级数的研究过程中提出来的。
三角级数现代理论中的一个问题就是要解决三角级数展开的唯一
性问题。康托的研究涉及对一般情形的证明，即不假定级数的系
数具有（傅利叶）积分形式。

　　在1870年的一篇论文中康托证明了如下定理，如果两个无穷
序列

$$a_1, a_2, \cdots, a_\nu, \cdots \ \text{和} \ b_1, b_2, \cdots, b_\nu, \cdots,$$

对于给定的实数区间$(a < x < b)$中的每一个x的值，随着ν的增
大

$$a_\nu \sin(\nu x) + b_\nu \cos(\nu x)$$

的极限都为零，则随着ν的增大，a_ν和b_ν也收敛于零。这个定理导
出了三角级数

$$\frac{1}{2} b_0 + a_1 \sin x + b_1 \cos x + \cdots + a_\nu \sin(\nu x) + b_\nu \cos(\nu x)$$

的一个收敛准则，黎曼在系数具有积分形式的情形下证明过这
个准则。在随后发表的一篇论文中，康托用这个定理证明了函
数$f(x)$若对除有穷多个x的值之外的所有x都收敛，则它的三角级
数展开式存在且唯一。如果仅在有穷个x个值上两个三角级数的
和不同，则这两个级数完全相同。

1871年，康托给出了三角级数展开式唯一性的一个较简单的证明，并将这一定理推广到：如果三角级数表达式对x的每个值都收敛到零，则表达式的系数必全为零。同年，他还用比原来更简单的办法证明了他的第一个定理：如果对一切$a < x < b$，$\lim(a_\nu \sin \nu x + b_\nu \cos \nu x) = 0$，则$\lim a_\nu$和$\lim b_\nu$都为零。

1871年11月，康托进一步推广了他的定理，证明了对于0到2π区间中x的某种**无穷**集不要求三角级数收敛的情形下定理仍能成立。为了使得定理的表述尽可能地简洁就需要对这种情况下这类集合的构造进行描述，康托开始认为"某些解释，或者毋宁说是某些简单的标志，都向我们表明了无穷数量和有穷数量在数学上的行为方式是迥异的"。

（包括0在内的）有理数集A被用于达到一个更为广义的数量概念的基础。我们遇到的第一个推广概念是根据某种法则给出的一个有理数的无穷序列

$$(1) \qquad\qquad a_1, a_2, \cdots, a_\nu, \cdots。$$

它满足：* 对可任意小的正有理数ε，都有正整数n_1，使得对任意正整数m都有

$$(2) \qquad\qquad |a_{n+m} - a_n| < \varepsilon \quad (n \geq n_1)。$$

康托把这一性质说成是"序列(1)有一个确定的极限b"，而且特别强调，这句话仅仅用来说明序列的上述性质。且正如我们

---

* 可以证明条件(2)是命题"序列(1)相对应的无穷级数的和为魏尔斯特拉斯意义下'有穷数量'"的充分必要条件，因此康托的无理数理论是魏尔斯特拉斯理论的一个恰当的改进。

将(1)和一个特殊的字符b相联系一样，我们也必须对与其同类的其他序列赋予不同的字符b', b'', $\cdots$。但是，因为事实上"极限"已先被假想地定义为一个数b（如果存在这样的b），这使得随着ν的增大，$|b - a_\nu|$趋近于0，所以我们最好避开极限这个词，而像海涅（Heine）介绍康托的理论时那样，把级数(a_ν)称为一个"数列"，或者像康托后来的说法，(a_ν)是一个"基本列"。

设另一序列

(1') $a_1', a_2', \cdots, a_\nu', \cdots$

有一个确定的极限b'，我们发现(1)和(1')之间总有下述满足三歧性的关系之一：(a) $a_n - a_n'$随着n的增大趋近于0；(b) 从某个确定的n之后，$a_n - a_n' > \varepsilon$，ε是一个正有理数；(c) 从某个确定的n之后，$a_n - a_n' < -\varepsilon$。这三种情况分别称为

$$b = b', \quad b > b', \quad b < b'.$$

类似地，注意到，(1)与一个有理数a之间只有如下三种关系：(a)随着n的增大$a_n - a$趋近于0；(b) 从某个确定的n之后，$a_n - a > \varepsilon$；(c) 从某个确定的n之后，$a_n - a < -\varepsilon$。这三种情况分别称为

$$b = a, \quad b > a, \quad b < a.$$

继而我们可以证明，随着n的增大，$|b - a_n|$趋近于0，这说明把b称为"数列(1)的极限"是恰当的。

倘用B来表示全体数量b的集合，我们可以把有理数的基本运算推广到系统A和B的并集上。于是，公式

$$b \pm b' = b'', \quad bb' = b'', \quad \frac{b}{b'} = b''$$

分别表示如下关系:

$$\lim(a_n \pm a_n{}' - a_n{}'') = 0,$$
$$\lim(a_n a_n{}' - a_n{}'') = 0,$$
$$\lim(\tfrac{a_n}{a_n{}'} - a_n{}'') = 0。$$

同样可以定义当这些数中有一个或两个属于A的情形。

数系A已生成了B，A和B联合起来也可以通过类似的过程生成第三个数系C。设序列

(3) $b_1, b_2, \cdots, b_\nu, \cdots$

是由A和B中的数（而不全是A中的数）组成，且随着n的增大，对任意m，$|b_{n+m} - b_n|$趋近于 0（这个条件由前述定义确定），则我们说(3)有一个"确定的极限c"。相等、不相等的概念以及C中元素或它们与B与A的元素之间的基本运算的定义都与上述定义类似。现在，就B与A来说，我们能让每个a与某个b相等，但反过来却不能让每个b都与某个a相等；不过我们却可以让每个b都与某个c相等，反过来也可以成立。"尽管在某种度量下，B和C可以被视为等同的，但有一点很重要，由于这里提出的理论中所说的数一般不具有客观性，*而仅仅是作为具有某种客观性的一些定理的要素出现（例如这种数量被用来作为相应序列的极限），因此当保持B和C之间这种抽象的差异，b和b'等价并不意味着它们相等，只表明与其对应的两个序列之间有某种确定关系"。

在进一步考虑系统 $C, D, \cdots, L$（它们像从 A 生成 B，从 A 和 B 生成 C 那样逐步生成）之后，康托探讨了这些数量与直线

---

*这与康托关于实数的形式主义观点有关（见下面）。

的度量几何间的关系。如果某点到直线上一个固定点o的距离与度量单位之比是一个有理数，则这个距离由系统A中的一个数量表示，否则，如果一个点是通过某种构造得出的，我们总可以想象一个如(1)那样的序列与所说的距离有这样一种关系，使得直线上对应于距离$a_1, a_2, \cdots, a_v, \cdots$的那些点随着$v$的增大而**无限接近**那个需要被确定的点。我们把这件事说成是这个需要被确定的点到点O 的距离等于b，这里b是与序列(1)相对应的数量。然后我们就可以证明已知距离相等、大于和小于的条件和表示这些距离的数量之间的相应条件是一致的。

现在很容易地看出，系统$C, D, \cdots$中的数量也能够用来确定已知距离。但是，为了完整地建立使我们所谈及的数量与直线上的几何之间的联系，还必须加上一条**公理**，即：对每个数量反过来也有直线上一个确定的点对应于它，就是说其坐标等于这个数量。* 这个命题之所以被看作公理，是因为它所表明的性质不能一般地获得证明。这条公理也可以看成赋予了这些数量以某种客观性，但无论如何这些量是完全独立于这种客观性的。

现在我们来考虑在给定一个有穷的或无穷的数量系统，或像先前较为方便地称它们为"点"的系统时出现的关系。

如果给定了某有穷区间内一个点集(P)，我们把语词"极限点（*Grenzpunkt*）"理解为直线上这样一点（不一定属于P），在包含它的任意区间内都有P中无穷多个点，我们可以证明魏尔斯特拉斯定理，如果P是无穷集，则至少有一个极限点。P中不是

---

* 每个数量都有一个确定的点与之对应，但每个点则有无穷多个**相等**的数量作为其坐标。

极限点，在P中，康托称每个不是极限点的点都为"孤立"点。

于是，直线上的每个点或者是P的极限点或者不是；而且在我们确定P的同时也就确定了它的极限点的集，它可以成为"第一阶导集（*erste Ableitung*）"P'。如果P'不是有穷的，我们还可以通过相同的方式从P'导出P的第二阶导集P''。经过ν次类似的程序，可由P获得第ν阶导集$P^{(\nu)}$。例如，如果P是由一条直线上所有坐标在0与1之间（包括或不包括端点）的有理数构成，则P'由$(0,\cdots,1)$区间上所有点包括端点构成；而P''，P'''，$\cdots$，都与P'相同。如果P是分别以

$$1, \frac{1}{2}, \frac{1}{3}, \cdots, \frac{1}{\nu}, \cdots$$

为坐标的点组成的，则P'由唯一的一个点o组成，继续同样的程序就不再出现任何点了。有一种我们现在特别感兴趣的情形，即可能经过ν步运算，$P^{(\nu)}$已是有穷集，继而由它的导集就无法再生成其他系统了。这时称初始集P为"第ν型（*Art*）"的，于是P'，P''，$\cdots$分别是第$\nu-1$型，第$\nu-2$型，$\cdots$集。

推广的三角级数定理现在成了：如果等式

$$0 = \frac{1}{2}b_0 + a_1 \sin x + b_1 \cos x + \cdots + a_\nu \sin(\nu x) + b_\nu \cos(\nu x)$$

除了一个第ν型系统P中的点外，对区间$(0,\cdots,2\pi)$上所有x值都成立，ν是一个任意大的整数，则

$$b_0 = 0, \quad a_\nu = b_\nu = 0。$$

关于点集的导集进一步的研究资料可以在康托1879年开始撰写的题为"关于无穷线性点集"的系列文章中找到。尽管这些文

章写在康托发现作为点集分类基础的"可数性"(*Abzählbarkeit*)和"势"(*Mächtigkeit*)的概念之后,而且在这一系列文章中,康托也一并探讨了这些概念和后面马上就要讨论的用导集的性质对集合所做的分类,但按照他自己的说法,*甚至早在1871年他就已经有了确定的无穷导集的概念,现在我们把这些文章中有关导集的部分摘录在这里。

对于点集P,如果$P^{(v)}$是有穷集,称P为"第一类"(*Gattung*)并且是"第v型"的集合。当序列

$$P', P'', \cdots, P^{(v)} \cdots$$

是无穷时,称P为"第二类"点集。所有$P'', P''', \cdots$的点都是P'的点,但P'的点未必是P的点。

连续†区间$(\alpha, \cdots, \beta)$(端点算作属于该区间)中的一部分或全部点可能是P的点;如果区间中没有P的点,则我们说P完全在$(\alpha, \cdots, \beta)$之外。如果P(部分或全部)包含在$(\alpha, \cdots, \beta)$中,可能出现的值得注意的情形是:$(\alpha, \cdots, \beta)$中每个无论多么小的区间$(\gamma, \cdots, \delta)$都包含P的点。这时P称为在区间$(\alpha, \cdots, \beta)$中"处处稠密"。例如,(1) $(\alpha, \cdots, \beta)$中所有点的集合;(2) $(\alpha, \cdots, \beta)$坐标是有理数的点的集合;(1) $(\alpha, \cdots, \beta)$中坐标是形如$\pm\frac{2n+1}{2^m}$有理

---

*1880 年, 康托说: 作为导集阶数的超穷序列这一"概念的辩证产生过程总是引导我们走得更远, 却使我们不仅避免了任何随意性, 同时还保持了逻辑的必然性", "十年前我就获得了这一概念(这话写于1880 年);但在我阐述数的概念时我并没有谈到它"。1905年8月在给我的一封长信中, 康托教授说:"我可能1871年就有了超穷序数的概念, 但直到1873年才形成可数性概念。"

†在第一篇文章的开头, 康托说:"正如我们后面将要指出的, 正是基于(导集)这个概念我们对连续统做了最简洁最完整的表述。"(参见下面)

数点的集合，其中m, n是整数；它们都是在区间$(\alpha, \cdots, \beta)$中处处稠密的。由此可见，如果一个点集不在区间$(\alpha, \cdots, \beta)$中处处稠密，则必定存在一个区间$(\gamma, \cdots, \delta)$含在$(\alpha, \cdots, \beta)$中，其中没有P的点。另一方面，如果P在$(\alpha, \cdots, \beta)$中处处稠密，则不仅P'也在$(\alpha, \cdots, \beta)$中处处稠密，而且P'就是整个$(\alpha, \cdots, \beta)$。我们可以用P'的这个性质作为"P在$(\alpha, \cdots, \beta)$中处处稠密"的定义。

处处稠密的集合P必定是第二类的，因而第一类点集在任何区间上都不处处稠密。反过来，是否每个第二类点集都在某个区间上不是处处稠密的问题，康托放在一边没有考虑。任给一个第二类点集，康托也并未探讨它在某些区间上是否是处处稠密的。

我们已经看到，第一类点集可以由导集概念完全刻画，但刻画第二类点集，导集概念就显得不够了。因此，当我们深入讨论这一问题时，必须对导集概念加以推广。这种推广是非常自然的。这里也许应提到布瓦－雷蒙，他由一般函数论的研究所引导，做出了和当时集合论的发展有部分相似的工作，并对这一发展在函数论研究中的重要性给予了评价。在1874年，他对函数做了分类，其依据是在被用于表示"任意"函数的级数和积分理论中的函数所需变量的不同。然后他考察了奇点的某种分布。对于一个不构成连续直线的无穷点集来讲，或者在任意一个无论多么小的线段上都有这个点集的点出现（如有理数所对应的那些点），或者在直线的任意部分都包含一个有穷线段，它上面没有该点集中的任何点。在后一种情况下，这些点无限稠密地靠近某些点，"因为如果他们在数量上是无穷的，则它们之间的所有距离的数目不可能有限。但是也不可能所有距离在一个任意小的线段上是零；因为，假定如此的话，将会出现第一种情况。因此，它们的距离仅可能在某些点上，或者更确切地讲是在无穷小的线段上为零"。这里，我们区分几种情况：(1)点集 k_1 聚集在有穷点集 k_2 附近；(2)点集 k_2 聚合在有穷点集 k_3 处，$\cdots$。例如，方程 $0 = \sin(\frac{1}{x})$ 的根聚集在 $x = 0$ 附近，$0 = \frac{\sin\frac{1}{x}}{\sin(\frac{1}{x})}$ 的根聚集在前面方程的根附近，$\cdots$ 具有这种奇点的函数填补了"普通"函数和处处奇异的函数之间的空白。最后，布瓦－雷蒙讨论了这样一个线段上的积分。在1879年的一个短文中，他指出函数可积性的狄里克雷判别法是不充分的，因为我们也可以用一种处处稠密的方式（*pantachisch*）来布置区间，即在区间 $(-\pi, \cdots, +\pi)$ 上安排这些区间簇 D，使得在 $(-\pi, \cdots, +\pi)$ 的任意一个无论多么小的连通部分内，D 都连通。现在令 $\varphi(x)$ 在这些 D 上为0，而在 $(-\pi, \cdots, +\pi)$ 中那些不被这些 D 所覆盖的点处为1，则 $\varphi(x)$ 是不可积的，尽管在 $(-\pi, \cdots, +\pi)$ 的内任何区间上都包含那些使 $\varphi(x)$ 在其上连续的线段（即恒为0）。"上述区间分布是在寻找无穷阶聚点时发现的，几年前我就向康托教授提到过这种无穷阶点的存在性。"

例如考虑一个相继由点 $1, \frac{1}{2}, \frac{1}{3}, \cdots, \frac{1}{\nu}, \cdots$ 所界定的区间序列，在区间 $(\frac{1}{\nu}, \cdots, \frac{1}{(\nu+1)})$ 中，取第一个第 ν 型点集。现在，由于 P 的导集序列的每一项都包含在前一项内，结果，每个 $P^{(\nu)}$ 都是从它前面的 $P^{(\nu-1)}$ 中至多去掉一些点生成的，即没有新的点产生，于是，当 P 是第二类点集时，P' 将由两个点集 Q 和 R 组成，Q 由 P' 的点组成，那些点在某阶段后不再在序列 $P', P'', P''', \cdots, P^{(\nu)}, \cdots$ 中出现。而R则是由保留在序列的所有项中的那些点组成。上例中R由孤立点O组成。康托用$P^{(\infty)}$表示R，并称它为"P的∞阶导集"。$P^{(\infty)}$的一阶导集用$P^{(\infty+1)}$表示，如此下去，有

$$P^{(\infty+2)}, \quad P^{(\infty+3)}, \quad \dots, \quad P^{(\infty+\nu)} \dots 。$$

这里$P^{(\infty)}$也可能有无穷阶导集，康托用$P^{(2\infty)}$表示，继续这种概念构造过程，逻辑上可达到用$P^{(m\infty+n)}$表示的导集，其中，m和n是正整数。不仅如此，康托走得更远，他构造了由所有**这些**导集的公共点组成的集合，从而得到用$P^{(\infty^2)}$表示的导集，如此无穷尽地做下去，得到阶数可表示为

$$\nu_0\infty^\mu + \nu_1\infty^{\mu-1} + \cdots + \nu_\mu,\cdots, \infty^\infty, \cdots, \infty^{\infty^\infty}, \cdots$$

的一系列导集。

　　"这里我们看到概念产生的辩证过程，* 他总是引导我们走得更远，却使我们不仅避免了任何随意性，而且同时还保持了它自身逻辑的必然性。"

　　我们看到，第一类点集是通过$P^{(\infty)}$为空集来刻画的，用符号表示，即

$$P^{(\infty)} \equiv 0 。$$

上例还表明，一个第二类点集不一定在区间的任意部分都稠密。

　　在1882年的第一篇文章中，康托将"导集"和"处处稠密"的概念推广到了n维连续统中的点集的情形，并就在什么情况下

---

　　* 对这句话，康托附带解释说："十年前，我就已经有了这种概念（这句话写于1880年5月），但是，在阐述我的数概念的理论时我并没有谈到它。"

一个（无穷）集是**良定义的**这一问题进行了思考。尽管它对于强调用来定义 $P^{(\infty)}, P^{(2\infty)}, \cdots$ 的那些程序的合法性是重要的，但它更直接地与"势"的概念相联系，因而我们后面再来考虑它，同样也暂不证明它。将一个处处稠密的集合从一个二维或更高维的连续统中移去后，其中任意两点仍可用剩余的点组成的圆弧连接，即一个连续运动可以在一个不连续空间中实现。对于这一点，康托在另一篇文章中指出，现在不仅知道了量的纯算术理论是可能的，而且对它的主要之点也有了一个轮廓了。

我们现在必须转而考虑"可数性"和"势"这两个概念的发展过程了，我们将会看到这与导集理论和由导集理论产生的超穷数理论有着非常密切的联系。

1873年，康托从（实数）连续统能否与整数集一一对应这一问题出发给出了不可能建立这种对应的一个严格证明。这一证明连同全体实代数数与全体整数可以建立一一对应，从而在连续统的每个区间内都存在超越数的证明一同都发表在他1874年的论文中。

若实数 ω 是一个形如

$$(4) \qquad \alpha_0\omega^n + \alpha_1\omega^{n-1} + \cdots + \alpha_n = 0$$

的非恒等方程的根，其中 $n, \alpha_0, \alpha_1, \cdots, \alpha_n$ 是整数，则称它为一个实代数数；我们可以假定 n 和 α_0 是正数，$\alpha_0, \alpha_1, \cdots, \alpha_n$ 没有公因子，而且 (4) 是既约的。正整数

$$N = n - 1 + |\alpha_0| + |\alpha_1| + \cdots + |\alpha_n|$$

可称为 ω 的"高"；从而对每个正整数都对应有穷个以它为高的

实代数数，于是，我们可将全体实代数数排成一个简单无穷序列

$$\omega_1, \omega_2, \cdots, \omega_\nu, \cdots。$$

排法是先按大小次序排出对应于 N 的那些数，然后再按高的大小次序排列。

　　现在假定区间 $(\alpha, \cdots, \beta)$（其中 $\alpha < \beta$）中的全体实数能够排成一个简单无穷序列

(5)　　　　　　　　　　$u_1, u_2, \cdots, u_\nu, \cdots。$

令 α' 和 β' 是(5)中头两个彼此不同且不等于 α, β 的数，并使得 $\alpha' < \beta'$；类似地，令 α'', β''（$\alpha'' < \beta''$）是 $(\alpha', \cdots, \beta')$ 中头两个不相等的数，如此等等。则数 $\alpha', \alpha'', \cdots$ 都是(5)的数，其指标不断增大；同样可得到一串数值逐渐减小的 $\beta', \beta'', \beta''', \cdots$。区间 $(\alpha, \cdots, \beta), (\alpha', \cdots, \beta'), (\alpha'', \cdots, \beta''), \cdots$ 中的每一个都包含它后面所有的区间。于是，只能有两种情形：或者(a)，区间数目有穷——令最后一个为 $(\alpha^{(\nu)}, \cdots, \beta^{(\nu)})$；则因为在这个区间中至多有一个(5)中的数，我们可以在其中取出一个不属于(5)中的数 η；——或者(b)，区间数目无穷。这时，由于 $\alpha, \alpha', \alpha'', \cdots$ **不断增大且有界**，因此必有一个确定的极限 $\alpha^{(\infty)}$，类似地，$\beta', \beta'', \beta''', \cdots$ 不断减小且趋向于一个确定的极限 $\beta^{(\infty)}$。如果 $\alpha^{(\infty)} = \beta^{(\infty)}$（当运用这一方法到系统 (ω) 上，总会出现这种情况），我们很容易看到数 $\eta = \alpha^{(\infty)}$ 不在 (5) 中。*相反，如果 $\alpha^{(\infty)} < \beta^{(\infty)}$，区间 $(\alpha^{(\infty)}, \cdots, \beta^{(\infty)})$ 中的每个数 η 连同区间端点都不在 (5) 中。

---

　　*因为，如果它在(5)中，我们会有 $\eta = u_p$，p 是一个确定的指标；但这不可能，因为 u_p 不在 $(\alpha^{(p)}, \cdots, \beta^{(p)})$ 中，而按定义，η 又在 $(\alpha^{(p)}, \cdots, \beta^{(p)})$ 中。

实代数数的总体性质是系(ω)和系(ν)之间可以建立一一对应，由此可得出刘维尔（Liouville）定理，即在任意实数区间内都存在无穷多个超越数（非代数数）的一个证明。

集合之间的一一对应是康托写于1877年发表于1878年的一篇文章中的基本概念。在这篇文章中，他还给出了集合之间具有这类关系的一些重要定理，并指出在这个基础上可以对集合分类。

如果两个良定义集之间能够建立这种一一对应（即两集合元素之间能够无遗漏地并且唯一地相互对应），则称他们具有相同的"势"（*Mächtigkeit*）* 或"等价"（*aequivalent*）。当一个集合是有穷集时，与势概念对应的是集合元素的个数（*Anzahl*），这时，两个集合具有相同的势当且仅当它们元素的个数相同。

一个有穷集的部分（*Bestandteil*，由集合中的元素构成的任意不同于原集的集合）的势总小于这集合本身的势，但对于无穷集并不总是这样，† 例如，正整数集合显然与它们的部分，由全体偶整数所构成之集有相同的势，因此，当一个无穷集M是N的一部分（或者与N的一部分）等价时，只有知道它们的势不相等时，我们才能得出M的势小于N的势的结论。

容易证明，正整数序列的势是最小的无穷势，但是具有这个势的集是非常多的，例如，它包括，戴德金的"有穷全

---

* "势"这个词是借用斯坦纳（Steiner）的，他在相当特殊但类似的意义下使用它，表示两个图形的要素之间可以建立投影对应。

† 波尔察诺首先注意到无穷集的这个奇妙特性，在1864年的一篇文章中德·摩尔根（Auhustus De Morgan）在为适当的无穷（*proper infinite*）进行辩解时含糊地说过"……两个不同长度（可以说成是）含有同样多的点"，后来戴德金在1887年（独立于波尔察诺和康托）把这种特性用来作为"无穷"的定义。

集"（*finite corpora*），康托的"第ν型点系"，所有n重序列以及全体实代数数（同样，复代数数）。此外，我们也容易证明，如果M是一个具有第一个无穷势的集合，则M的每个无穷部分都具有与M相同的势，而且如果$M', M'', \cdots$是具有第一个势的集合构成的有穷或简单无穷序列，则这些集合的并集也具有第一个势。

前面已经指出，连续统不具有第一个势，而是更大；康托进一步证明，由多元序列 (multiple series) 构成的多维连续统与一维连续统也具有相同的势。这样，黎曼、赫尔姆霍兹和其他人关于n维连续流形(manifold)的本质特性的如下假定就变得容易理解了，即一个n维连续流形的元素依赖于n个独立的连续实变量（坐标），即它的每个元素都具有一个确定的值系$x_1, x_2, \cdots, x_n$，而且反过来，每个容许的值系$x_1, x_2, \cdots, x_n$，都为n维连续流形中某一确定的元素所有，这里暗含了元素和值系的对应是连续的* 这一假定。如果去掉这一假定，† 则可以证明，在线性连续统的元素和那些n维连续统的元素之间存在一一对应。

这一结论显然可由如下定理的证明中得出：令 $x_1, x_2, \cdots, x_n$ 是独立的实变量，每一个可取$0 \leq x \leq 1$的任意值，则这个n元变量系可与一个变量t（$0 \leq t \leq 1$）相对应，使得t的每个确定值都对应于$x_1, x_2, \cdots, x_n$的一个确定的值系，而且**反之亦然**。为了证明这个定理，我们从以下已知的定理出发，即对 0 和 1 之间的每

---

* 这就是说，在元素的位置上的无穷小变化蕴含着变量的无穷小变化，反之亦然。

† 在康托的这篇论文的法文翻译中，这里加了一句话："这一点在作者们（黎曼、赫尔姆霍兹）的著作中经常可以看到。"康托校译过这个法文译文。

个无理数 e，可以唯一地记作

$$(\alpha_1, \alpha_2, \cdots, \alpha_\nu, \cdots)$$

的连分数表示，其中的这些 α 是正整数。于是，在这些 e 和这些 α 序列之间存在一一对应。现在我们考虑 n 个变量，其中每一个都可以独立地在 $(0, \cdots, 1)$ 区间中的所有无理数中取值（每一个只取一次）

$$\begin{aligned}
e_1 &= (\alpha_{1,1}, \alpha_{1,2}, \cdots, \alpha_{1,\nu}, \cdots), \\
e_2 &= (\alpha_{2,1}, \alpha_{2,2}, \cdots, \alpha_{2,\nu}, \cdots), \\
&\vdots \quad \vdots \qquad\qquad \vdots \\
e_n &= (\alpha_{n,1}, \alpha_{n,2}, \cdots, \alpha_{n,\nu}, \cdots);
\end{aligned}$$

这 n 个无理数唯一地确定了 $(0, \cdots, 1)$ 这个区间中的第 $n+1$ 个无理数

$$d = (\beta_1, \beta_2, \cdots, \beta_\nu, \cdots),$$

只要在 α 和 β 之间建立以下关系：

(6) $\quad \beta_{(\nu-1)n+\mu} = \alpha_{\mu,\nu},$ * $\quad (\mu = 1, 2, \cdots, n; \ \nu = 1, 2, \cdots, \infty)$.

反之，这样一个 d 唯一确定了序列 β，从而由 (6) 就确定了诸 α 的序列，也就确定了诸 e 的序列。现在我们只需指出，在无理数 $0 < x < 1$ 和实数（有理数或无理数）$0 \leq x \leq 1$ 之间存在着一一对应。为此，我们指出区间中所有的有理数可以表作一个简单的无穷序

---

* 如果我们将这 n 个 α 序列排成一个有 n 行的双重序列，这意味着可按如下顺序数出这些 α: $\alpha_{1,2}, \alpha_{2,1}, \cdots, \alpha_{n,1}, \alpha_{1,2}, \alpha_{2,2}, \cdots$，而这些序列的第 ν 项是 β_ν。

列

$$\varphi_1, \varphi_2, \cdots, \varphi_\nu, \cdots 。 *$$

然后在$(0, \cdots, 1)$中任取一个无理数的无穷序列$\eta_1, \eta_2, \cdots, \eta_\nu, \cdots$（例如，$\eta_\nu = \frac{\sqrt{2}}{2^\nu}$），再令$b$取$(0, \cdots, 1)$中除了诸$\varphi$和诸$\eta$以外的任意值，于是，

$$x \equiv \{b, \eta_\nu, \varphi_\nu\}, \ e \equiv \{b, \eta_\nu\}。†$$

这后一行公式也可以写成

$$e \equiv \{b, \eta_{2\nu-1}, \eta_{2\nu}\}。$$

现在，如果我们用$a \sim b$表示"由诸a做成的集合等价于由诸b做成的集合"，则有$a \sim a$，若$a \sim b$且$b \sim c$，则$a \sim c$。而且我们注意到，如果两个分别由两两无公共元素的一些集合组成的集合，它们的元素是对应等价的，则这两个集合等价。因此有

$$b \sim b, \ \eta_\nu \sim \eta_{2\nu-1}, \ \varphi_\nu \sim \varphi_{2\nu}, \ 且$$

$$x \sim e。$$

上述定理可推广到$x_1, x_2, \cdots, x_\nu, \cdots$为简单无穷序列的情形（从而连续统可以是无穷维的，而它仍同线性连续统有相同的势），这是由于，二重序列$\{\alpha_{\mu,\nu}\}$——这里e_μ =

---

*这一点可以非常简单地按以下方式实现：令$\frac{p}{q}$是这个区间既约形式的有理数，记$p + q = N$，则每个$\frac{p}{q}$都对应一个正整数值N，而对应于每个这样的N，有有穷个分数$\frac{p}{q}$，现在可以这样来排列这些有理数，先按照大小顺序排列不同值的N，再按照大小排列具有同一N值的有理数。

†这表明诸x的集合是诸b，η_ν和φ_ν的并集。类似地，对于诸e也是如此。

$(\alpha_{\mu,1}, \alpha_{\mu,2}, \cdots, \alpha_{\mu,\nu})$, $\mu = 1, 2, \cdots, \infty$—— 和简单序列 $\{\beta_\lambda\}$ 之间可以通过令

$$\lambda = \mu + \frac{(\mu + \nu - 1)(\mu + \nu - 2)}{2} *$$

建立一个一一对应关系。上式右端的函数具有极为良好的性质，当 μ 和 ν 独立地取遍每个正整数的值时，函数表出了全部整数，而且每个整数只出现一次。

康托得出结论说："现在我们已经证明了一大类的流形（*manifold*）都能够与一个连续直线中的点或它的一部分建立对应关系，这就提出了一个问题……；线性流形能分成多少个以及什么样的类（如果我们把具有相同或不同的势的流形归为相同或不同的**类**的话）？通过数学归纳法（详略）我们得出如下定理，即这样的类有两个：一类包括所有那些线性集，它的元素可以写成**关于 ν 的函数**，这里 ν 取正整数值；另一类包括所有可表作**关于 x 的函数**的线性流形，其中 x 可以取 $(0, \cdots, 1)$ 区间中所有实数值。"

在已提及的 1879 年的文章中，康托曾按照集合的导集的性质和它们的势这两方面考虑了集合分类的问题。†经过一些反复之后，他给出了连续统 不具有第一个势的一个相当简洁的证明。尽管直到 1882 年还没有关于势的本质的新结果发表，但是我们也必须谈及（1882 年）关于什么是"良定义集"的讨论。

---

* 以对角线次序数出这个二重序列 $\{\alpha_{\mu,\nu}\}$ 各项，即序列 $\alpha_{1,1}$，$\alpha_{1,2}$，$\alpha_{1,3}$，$\alpha_{2,2}$，$\alpha_{3,1}$，$\cdots$ 中脚标为 (μ, ν) 的项排在第 λ 位，其中 $\lambda = 1 + 2 + 3 + \cdots + (\mu + \nu - 2) = \mu + \dfrac{(\mu + \nu - 1)(\mu + \nu - 2)}{2}$。

† 他只考虑线性点集，因为任意维连续统的势都由此得出。

康托说，势*的概念，包括作为一种特殊情形的整数全体，可以看作是"良定义集"的一种属性，不管这个集的元素具有什么可以想象的形式。"以某个论域中的个体为元素的集合称为'良定义'的，如果按照它的定义和逻辑的排中律，论域中的任意个体是否属于该集合是内在地确定的；并且该集合中任意两个个体，尽管它们在给出的形式上可能有所不同，但它们是否相等却是内在地确定的。事实上，一般来讲，这些确定不能按照我们的愿望、可靠而确切地加以认定。这里牵涉到的只是**内在地**确定的问题，由它出发，可以期望通过完善某些辅助方法发展出一种现实的或者说外在地确定的方法。"比如我们确信，一个任意指定的数是否是代数数这一问题是内在地确定了的；但是e的超越性直到1874年才得到证明，而当康托写作他1882年的论文时，π的超越性问题还没得到解决。†

在这篇文章中，康托第一次使用"可数的"这个词来描述一个能够和正整数集建立一一对应，因而具有第一个（无穷）势的集合；同时还给出了下述重要定理：在一个n维空间(A)中，如果给定了无穷多个（任意小的）n维‡连续统(a)，他们彼此分离，最多只在边界处相交，则这些a构成的集是可数的。

因为通过反转向径的办法可以把A表示成一个n + 1维空间A′中的一个n维图形B，并使B中的点到A′中一个固定点的距离是常数1。于是每个a对应于B中的具有一定容量的一个n维子

---

* "我们可以将量的理论的基础看作是线性流形的最一般的和最纯粹的形式。"

† 林德曼后来证明了π是超越数，在这篇文章中，康托似乎同意戴德金的看法。

‡ 对每个a，边界点都看成是属于它的。

集*b*，而这些*b*是可数的，因为其容量大于任意小的数γ的那些数*b*的数目是无穷的，它们的和总小于$2^n\pi^*$（即*B*的容量）。[†]

最后，康托作了一个有趣的附注，如果我们从一个*n*维连续统中除去任意一个可数并且处处稠密的集合，则当$n > 2$时，余下部分($\mathfrak{A}$)即使在下述意义下仍然是连通的，即$\mathfrak{A}$中任意两个点*N*和*N'*都可以用一条圆弧连接起来，而圆弧中的点全部属于$\mathfrak{A}$。

VI

康托可数概念的一个应用是奇点凝聚法，即在一个给定的实数区间的一个可数且处处稠密的集合上构造具有某种奇异性（例如不连续性）的函数的方法。这一方法是由魏尔斯特拉斯提出，由康托引用魏尔斯特拉斯的例子于1882年[‡]发表的。这种方法可如下表述：设$\varphi(x)$是一给定的具有单个奇点$x = 0$的函数，(ω_ν)是一个可数集，令

$$f(x) = \sum_{\nu=1}^{\infty} c^\nu \varphi(x - \omega_\nu),$$

其中所选择的c^ν使得这个数以及在特殊情形下由它导出的那些级数无条件一致收敛，则函数$f(x)$在所有$x = \omega_\mu$的点上与$\varphi(x)$在

---

[*] 在康托论文1883年的法文译文中，这个数被修正为$2\pi(n + 1)/2/\Gamma((n + 1)/2)$。

[†] 当$n = 1$时，定理成为：在一条（有穷或无穷）直线上，最多只有公共端点的区间集合是可数的。可是，端点是可数的，但端点集合的导集未必可数。

[‡] 1905年3月29日，康托教授在给我的信中说："1873年圣诞节在柏林，他（魏尔斯特拉斯）从我这听到有关可数的概念，起初他相当吃惊，但是，一两天之后这概念就变成他自己的了，并且帮助他在那奇妙的函数论中获得了意外的进展。"

$x = 0$ 上具有相同的奇异性，而在其他点上一般来讲是正常的，在点 $x = \omega_\mu$ 上的奇异性与级数中 $\nu = \mu$ 那一项有关；集合 (ω_ν) 可以是任意一个可数集，而不是像汉克尔所强调的只能是有理数集，并且避免了由正弦的出现在汉克尔的函数中产生的那些复杂而不必要的振荡。

康托在"关于无穷线性点集"系列文章之四（1882年）中，给出了有关可数点集的六个定理。

如果（n 维连续统中）一个集合 Q 的每个点都不是它的极限点[*]则称它是"孤立"的，于是 Q 的每一个点都可以用一个不含 Q 中任意其他点的球把它围起来。而由上面关于这些球做成的集合是可数的定理可知，Q 是可数的。

其次，如果 P' 可数，则 P 也可数。因为令

$$\mathfrak{D}(P, P') \equiv R, \quad P - R \equiv Q;\ [†]$$

则 Q 是孤立的，因而是可数的，而且由于 R 包含在 P' 中，R 也是可数的。

接下来的三个定理说的是，如果 $P^{(\nu)}$ 或 $P^{(\alpha)}$ 可数，其中 α 是任意一个"确切定义了的无穷符号"（*bestimmt definirte Unendlichkeitssymbole*），则 P 也可数。

如果集合 $P_1, P_2, \cdots$ 两两没有公共点，康托用

$$P \equiv P_1 + P_2 + \cdots$$

---

[*] 康托用 $\mathfrak{D}(Q, Q') \equiv 0$ 表述这一事实，参见戴德金的《数论辑录》（*Essays on Number*），第84页。

[†] 假如集合 B 包含在 A 中，而 E 是把 B 从 A 中除去后的余集，则有记号 $E \equiv A - B$。

表述这些集合的"并集"。现在，我们有下列恒等式

$$P' \equiv (P' - P'') + (P'' - P''') + \cdots + (P^{(\nu-1)} - P^{(\nu)}) + P^{(\nu)};$$

于是，由于

$$(P' - P''),\ (P'' - P'''),\ \cdots,\ (P^{(\nu-1)} - P^{(\nu)}),\ P^{(\nu)}$$

都是孤立集，因而是可数的，如果 $P^{(\nu)}$ 是可数的，则 P 也是可数的。

现在假定 $P^{(\infty)}$ 存在；则如果 P' 的任意个别的点不属于 $P^{(\infty)}$，则在有穷阶导集中第一个不包含这点的，设为 $P^{(\nu)}$，因而 $P^{(\nu-1)}$ 包含这点作为一个孤立点，因此我们可以记

$$P' \equiv (P' - P'') + (P'' - P''') + \cdots + (P^{(\nu-1)} - P^{(\nu)}) + \cdots + P^{(\infty)};$$

从而，由于可数个可数集组成的集合仍是一个可数集，而且 $P^{(\infty)}$ 是可数的，所以 P' 也是可数的。如果 $P^{(\alpha)}$ 存在，这一结果显然可推广到 $P^{(\alpha)}$，只要从 P' 到 $P^{(\alpha)}$ 的导集做成的集合可数。

基于以上的讨论，我们似乎有充分的理由联系到"势"的概念来独立地*考察那些确定的无穷指标，康托始终把势作为整个集合理论的最基本概念之一。这个指标序列的形成是这样的，即到任意一点（无穷或更远）为止的全部指标做成的集合总是可数的。可是一个与证明连续统不可数完全类似的程序可导致以下结论，即在指标 α 前面的所有指标做成的集合是可数的，但这样的

---

* 当独立考察 P 时发现，这些指标形成了这样一个序列：整个序列自有穷数开始，不断增大直至超过前面所有那些有穷数。因此这个序列本身表明那些其他指标可被看作无穷（或超穷）**数**。

指标α做成的集合却是不可数的。恰如正整数序列的势是一个紧跟在全体有穷数之后的势一样，这个不可数集的势，就是前一个无穷势之后的**第二个**无穷势。我们还可以设想一个新的指标，它是所有已经确定了的指标之后的第一个指标，正像在所有有穷数之后设想有第一个无穷指标一样，我们将在康托1882年年底发表的文章中见到这个思想。

现在我们来叙述第六个定理，康托证明，如果P'可数，则P有一个被哈尔纳克（Harnack）称之为"疏朗"的性质，或布瓦－雷蒙所说的"可积的"，"非扩张的"性质，或像现在一般的说法，"无容量的"性质，这是积分理论中的一个必要性质。

VII

至此，我们看到了康托的"确切定义了的无穷符号"在下述定理中的重要性："如果$P^{(\alpha)}$是空集，则P'可数，并且因而P也可数"。我们还不难根据前面的结果推出这个定理的逆，即"如果P'可数，则存在一个数α，使$P^{(\alpha)}$是空集"。通过把这些指标以独立于实数的方式加以定义，即超穷的整数，康托终于形成了关于某些无穷序列的计数（*Anzahl*）* 的概念，这些序列给出了一种确定一系列上升的无穷"势"的方法。对有穷集来说，"计数"概念与势是同一回事，但对无穷集却不同；这种由符号到计数概念的推广，如前面所说，使我们已经多次使用的势的概念得以扩展并精确化了。

---

* 我们将"Anzahl"这个词译作"enumeral"以免与"number"（*Zahl*）混淆。

于是，用刚才形成的这种新观点，我们**有穷**数理论有了一种新的认识，正如康托所说："在**有穷**领域，数概念只具有计数一种含义，而当我们进入无穷王国时，数的概念就分裂成了**势和计数**这两个概念；当重新回到有穷时，我们看到这两个概念又是如何清晰而奇妙地**合并**成了有穷整数这一个概念。"

对于（有穷的和无穷的）算术理论的这种区分的重要的含义最初在康托的著作中*，后来特别是在罗素（Bertrand Russell）的著作中反映了出来。

康托说，如果没有从数的概念到确切定义的无穷数概念的推广，"我们几乎不可能向集合理论迈出起码的一步"。尽管"许多年以前我就碰到过它们（这些数），但并未清醒地意识到我得到的是一些有真实含义的具体的数"，"我是逻辑上被迫承认无穷大不仅是一个与收敛的无穷序列相联系的无限增大的量，它还应该以一种'完成了的无穷'的确定形式被作为数学中真正的数学来处理，这差不多是违反我的意愿的，因为它与我多年来在科学研究中所珍视的传统相背，不过，我现在相信任意反对它的理由都是站不住脚的。"

导集序列的指标可以设想成在有穷序列1, 2, …，之后再接一个**超穷**序列，我们曾用符号"∞"记第一个超穷数。这样尽管没有最大的有穷数，或者换句话说，假定有最大有穷数将导致矛盾，但是假定存在一个新的，紧跟在所有有穷数之后的**第一个**非有穷数这一点却不会产生矛盾。这是康托采取的不依赖于导集理

---

* 例如，参见后面第86, 126页中将译出的1895年和1897年康托的论文的译文。

论来定义超穷数的一种方法；＊我们将会看到，由于这种假说体系，康托将遭到怎样的反对。

现在让我们重新对"簇论"（*Mannichfaltigkeitslehre*）†这一语词的含义进行简要考察，该词通常译作"集合论"。在关于《基础》的一个注释中，康托指出，他用这个词指称"一个内涵丰富的理论，迄今为止，我一直企图仅以集合的算术或几何理论（*Mengenlehre*）的特殊形式展开这个理论，我一般把一个簇或一个集理解为可看作一个整体的任意复杂事物（*jedes Viele, welches sich als Eines denken lasst*），即可由一个法则界定的许多确定元素构成的整体"。后面将看到这种整体性是康托反复强调的。

上述关于超穷数如何通过缓慢而可靠的途径在康托头脑中逐渐地被迫树立起来，以及康托关于哲学和数学的传统思想等资源均引自《基础》一书。在《基础》和康托后来的著作中，我们经常看到各时代数学家和哲学家们关于无穷问题的争论，除看到亚里士多德（Aristotle）、笛卡尔（René Descartes）、斯宾诺

＊　《关于无穷线性点集之五》（Ueber unendliche, lineare Punktmannichfaltigkeiten）（1882年12月）《数学年鉴》（*Math. Ann.*），第二十一卷，1883，第545-591页；单独出版时加了前言，且书名为：《一般集合论基础，无穷数理论的数学哲学探讨》（*Grundlagen einer allgemeinen Mannichfaltigkeitslehre. Ein mathematisch-philosophischer Versuch in der Lehre des Unendlichen*），莱比锡，1883（《基础》（*Grundlagen*）中的第 n 页是《数学年鉴》里文章中的第 n + 544页），这个有一个与其内容较贴切的书名的单行本之所以出版，是"因为在许多方面它都把研究主题大大地推进了，从而大部分内容都与过去的工作无关"（前言语）。在《数学学报》（*Acta Math*）第二期，第381-408页中《基础》的一部分被译成了法文。

†或"*Mannigfalligkeitslehre*"，或更常用的"集合论（*Mengenlehre*）"；法文中被译成"集的理论（emphtheorie des ensembles）"，英文中的"流形论（*theory of manifold*）"未被普遍采用。

莎（Spinoza）、霍布斯（Hobbes）、贝克莱（Berkeley）、洛克（Locke）、莱布尼兹（Leibniz）、波尔察诺和许多其他人名以外，我们还可以找到许多饱学之士煞费苦心研究无穷的新见解的资料。康托还用了很多笔墨来反映经院哲学家和神学家们的看法。

《基础》是对数学中"无穷"的两种含义加以区分开篇的。康托指出，数学中的无穷有两种表现形式：首先是一种**不适当**的无穷（*Uneigentlich-Unendliches*），它是一种量，或者递增但超过一切极限，或者递减到任意小，但总保持有穷，因此可称它为**"可变的有穷"**。其次，是一种确定的**适当的无穷**（*Eigentlich-Unendliches*），它可以用某种几何概念来表示，在函数论中用复平面上的无穷远点表示。在后一种情况下我们有一个单个确定的点，研究（解析）函数在这一点的特性与研究其他点上的特性的方法完全相同。*康托的无穷实整数也是适当的无穷。因而，为了强调这一点我们用"ω"取代了旧符号"∞"，后者常用来表示不适当的无穷。

为了定义新数，康托遵循了以下思路：实的正整数序列

(I) $$1, 2, 3, \cdots, \nu, \cdots$$

是这样生成的，把一些事先被看成是相等的单位相继地放在一起并汇集成一个整体，数 ν 既表示把一个个单位放上去的确切计数，又表示它们所汇集成的整体。因此，有穷实整数形成的原则是，在一个已生成的数后再添加一个单位；康托称之为**第一生**

---

* "函数在无穷远点邻域内的特性与它在其他任意有穷点上的特性完全相同。因此，在这种情况下，将它想象为一个点是完全恰当的。"

成原则（*first principle of generation, Erzeugungs-princip*），如此生成的数类(I)的计数有无穷多，而且其中无最大数。因此，尽管说数类(I)中没有最大数会导致矛盾，我们却可以设想一个**新数**ω，表示(I)的整体和(I)中数之间的一种相继次序，（用ν表示单位的有限计数和汇集成的整体那样）这点不会引起非议。* 允许数ω之后继续添加单位，则依据第一生成原则，我们将得到更多的数

$$\omega + 1, \omega + 2, \cdots, \omega + \nu, \cdots。$$

因为这里仍然没有最大数，设想一个新数可称之为2ω，它是所有数ν和这里所形成的数$\omega + \nu$之后的第一个数。对2ω再应用第一生成原则，我们得到

$$2\omega + 1, 2\omega + 2, \cdots, 2\omega + \nu, \cdots。$$

这种生成数ω和2ω的逻辑机制显然不同于第一生成原则，康托称之为实整数的**第二生成原则**（*second principle of generation*），并把它说成是：对于任意不存在最大数的实整数序列，根据第二生成原则都可以产生一个新数，它是紧跟在这个序列中所有数之后的第一个更大的数。

通过反复应用第一、二生成原则，还会相继获得如下这些数

$$3\omega + 1, 3\omega + 2, \cdots, 3\omega + \nu, \cdots。$$

---

* "甚至可以把这个数ω看成那些数ν想要达到的极限，也就是仅仅把它理解为紧跟在全体数ν之后的第一个整数，即它是大于每个ν的"，于此参见下一节。

如果我们不了解在导集理论中促使引进ω的原因，而只看到文本中所说的理由，自然会认为ω的引入是相当随便的，因为，这里只强调了可以用一种不矛盾的方式来定义它。因此，康托在对下面这种引进和创新进行讨论，寻找纯数学的特征并论证其历史的合理性（逻辑上的合理性似乎不必论证）。

而由于这些数 $\mu\omega + \nu$ 也没有最大数，再引进一个紧跟在所有这些数之后的新数，可用 ω^2 表示，于是，我们又有

$$\lambda\omega^2 + \mu\omega + \nu,$$

并且更进一步得到如下形式的数

$$\nu_0\omega^\mu + \nu_1\omega^{\mu-1} + \cdots + \nu_{\mu-1}\omega + \nu_\mu \, 。$$

于是，第二生成原则又需要一个新数，它可以适当地用

$$\omega^\omega$$

表示。这一过程可无限制地继续下去。

现在，不难看出，迄今确定的那些无穷数中任意一个前面的所有数做成的集合都具有第一数类(I)的势。因而所有在 ω^ω 之前的数都有如下形式

$$\nu_0\omega^\mu + \nu_1\omega^{\mu-1} + \cdots + \nu_{\mu-1}\omega + \nu_\mu \, 。$$

其中 $\mu, \nu_0, \nu_1, \cdots, \nu_\mu$ 必须取（包括0在内的）有穷正整数值，但排除 $\nu_0 = \nu_1 = \cdots = \nu_\mu = 0$ 的情形。如我们所知，这个集合可以表示成一个简单无穷序列的形式，因而它具有(I)的势。同时，由于第一种势的集合做成的序列仍给出一个具有第一种势的集合，因此按照上述方法使序列延续下去，显然只能给出上述性质的数。

康托借助两个生成原则确定了下列数 α 的全体

(II)　$\omega, \omega+1, \cdots, \nu_0\omega^\mu + \nu_1\omega^{\mu-1} + \cdots + \nu_{\mu-1}\omega + \nu_\mu, \cdots, \omega^\omega, \cdots, \alpha, \cdots$。

这里从1到 α 的所有数做成的集合具有第一数类(I)的势，康托称这些数 α 的集合为"**第二数类(II)**"。数类(II)的势不同于数类(I)的

势，实际上是紧跟在它后面的**下一个更大的**势，没有其他的势介于它们之间。因此按照第二生成原则，又需要一个新数(Ω)，它在(II)中所有数之后，且是第三数类(III)中的第一个数，等等。*

于是，不管怎样，形成过程可以完成。类似于给(I)以一个极限一样，在相继形成(II)中的数后也可使之完备化。在那里我们仅仅使用了第一生成原则，因此不可能在序列(I)中找到极限数；但**第二生成原则**不仅能使我们超出数类(II)，而且实际上还表明它作为一种方法与第一生成原则相结合有可能在实整数形成过程中突破**任何界限**。前面提到的条件，即下一步形成的每个数之前的全体数构成的集合都具有确定的势，康托称之为第三原则或**限制原则**（*Hemmungs-order Beschrankungsprincip*）†它以如下方式起作用：通过它可以证明数类(II)较数类(I)有更大的势，事实上它就是紧跟其后的更大的那个势。前两个原则一起确定了整数的绝对的无穷序列，而第三原则在这一过程中相继地指定某些界限，使我们得到了该序列的自然的截段（*Abschnitte*），称为数类。

这样，康托（在1873年，1878年）给出的关于集合的势的旧概念就得到了发展并变得更精确化了。对于有穷集，势和元素的计数相同，这种集合在任何顺序下都具有相同的计数。而另一方面，对于无穷集，超穷数则提供了一种定义集合计数的方法，如果这个集合是"良序"的，一般来讲其计数随着给元素以不同的次序而变化。最小的无穷数显然是数类(I)的势，而且依次增

---

*特别值得注意的是第二生成原则使我们能超越过任意数类，而并不仅仅限于形成可数序列的数（因此需要一个"第三生成原则"来产生Ω）。第一、二生成原则合起来生成了所有讨论过的数，而"极限限制"能使我们确定各种数类，它们具有不断上升的势。

†"这个原则（或称要求、条件）限定了每一个数类。"

大的势现在也第一次以一种自然而简单的方式给出了，事实上，第 γ 数类的势就是第 γ 个势。

所谓"良序"集，*康托指出它是一个良定义集，其元素具有一种确定的次序，在这种次序下，也只有一个紧跟在所有这些元素之后的元素（除非在这种次序下后面没有元素了）。两个良序集称为有相同的计数，如果按已知的次序，在它们的元素之间能建立一个一一对应，使得如果 E 和 F 是其中一个集合的任意两个不同的元素，E' 和 F' 是另一个集合的对应元素（当然也是不同的），则当 E 先于或后于 F 时，E' 也就先于或后于 F'。这种按次序对应的关系，显然是完全正确的，如果确定有这种对应的话。在我们扩充了的数序列中，存在唯一的数 α，使得位于它前面的（从 1 开始的）数按照自然次序与所说的良序集有相同的计数，因此，如果 α 是无穷的，则 α 应被视作这两个良序集的计数；如果 α 是有穷的，则其计数是 α − 1。

现在我们知道有穷集和无穷集的本质区别是，无论元素次序如何，有穷集总有同一个计数，对于无穷集来讲，不同次序一般会产生不同的计数。但不管怎样，计数与势之间有一种联系，后者是集合不依赖于元素次序的一种属性。任意具有第一种势的良序集以第二种数类中某个确定的数为其计数，而且对于每个具有

---

　　*容易看出，这个概念源于用超穷数来确定那些"可以计数的"（按康托后面给出的关于这个词的更宽泛的含义）集合。事实上，上面关于良序集的定义简单地表明了如何使用头两个原则来构造所说的这类集合。而且这种构造是相对于元素的生成而非数的生成。良序集的一个重要性质（事实上是一种刻画性质），由它的元素构成的**任意一个序**列 $\alpha_1, \alpha_2, \cdots, \alpha_\nu, \cdots$，其中 $\alpha_{\nu+1}$ 先于 α_ν，必然是有穷的。即使问题中的良序集是无穷的，如我们所说这种序列绝不可能是**无穷的**。

第一种势的集合，总可以适当给它排序，使得其计数是第二数类中任意事先给定的数。康托通过引申"可数"一词的含义来说明这一事实：任意具有第一数类的势的集合可以用而且只能用第二数类中的数来计数，该集合总可以这样排序，使得它是用第二数类中任意给定的数来**计数**；对于更高层次的数有类似的结论。

从前面康托关于序数序列的"绝对"*无穷的解释中可以料到康托会形成**任意**集合都能排成良序集这一思想。他曾许诺†将回头来讨论这个问题。

康托如下定义超穷（包括有穷）数的加法和乘法：设 M 和 M_1 是计数为 α 和 β 的良序集，让 M 在前，M_1 在后把它排成一个新的集合，记作 $M + M_1$，这个集合的计数就定义为 $\alpha + \beta$，显然，如果 α 和 β 不都是有穷的，$\alpha + \beta$ 一般与 $\beta + \alpha$ 不同，很容

---

*康托说："在相继形成数类的过程中，我们永远能走得更远，绝对没有不可逾越的界限——因此，哪怕只是近似地抓住（*erfassen*）绝对，也是永远做不到的。对绝对，只能够承认（*anerkannt*）而不能够把握（*erkannt*），哪怕只是近似地把握。因为像第一数类中任一不管多大的有穷数之后的都有更大有穷数（的集合）的'势'一样，任一高数类中任一超穷数之后的数和数类做成的集合，与从1开始的整个绝对无穷数集相比，其'势'丝毫不减。就像冯·哈勒（Albrecht von Haller）形容过的那样：'我把一个（大而又大的）部分抽调，（永恒）仍完整如昔地呈现我面前。'因此在我看来，绝对无穷数列在某种意义上就是绝对的一个恰当的符号；至于数类(I)这个无穷，虽然人们一直拿来作为绝对的象征，但在我的心目中，与前者（绝对无穷数列）相比，它只是一个能当成消失着的无法把握的理念（不是表象）。我还觉得，值得注意，每个数集——因而每个势——都对应于这个绝对无穷的数序列中某个确定的数，并且反过来，对任一超穷数γ又都有一个势（第γ个势）同它对应；因此，所有的势也形成了一个绝对无穷序列。由于给某势定位的数γ（只要γ有直接前驱）与同一数类中具有该势的数之间呈现某种大小关系——它所定义出的大小是微不足道的——这越发值得注意了，而由于γ取越大，那就更别说了。"

†如他在1878年所说（当然是另一种说法）。与此相关的是他允诺要证明连续统的势是数类(II)的势。见本书末尾的附录。

易以一种确定次序将和的概念推广到被加数是一个有穷或超穷集合的情形,而且结合律仍满足。从而特别有

$$\alpha + (\beta + \gamma) = (\alpha + \beta) + \gamma。$$

如果取一系列(计数为β)相等并同样排序的良序集,其中每一个都有计数α,我们得到一个新的良序集,它的计数就定义为乘积$\beta\alpha$,其中β是乘数,α是被乘数。这里,一般来讲,$\beta\alpha$与$\alpha\beta$也是不同的,但通常有

$$\alpha(\beta\gamma) = (\alpha\beta)\gamma。$$

康托还允诺要研究那些超穷数的素数性质,*给出不存在无穷小数的证明†以及证明他先前给出的定理(对于一个n维域中的点集P,如果导集$P^{(\alpha)}$为0,其中α是任意(I)或(II)中的整数,则P'具有第一种势,因而P也具有第一种势)的逆定理也成立,即如果P是一个使P'具有第一种势的点集,则存在(I)或(II)中的一个整数α,使得$P^{(\alpha)} = 0$,而且这样的α中必有一个最小的。这后一个定理表明了超穷数在点集理论中的重要意义。

康托关于(II)的势不同于(I)的势的证明类似于关于连续统是不可数的证明。假定能够把(II)排列成如下简单序列

(1) $\qquad\qquad\qquad \alpha_1, \alpha_2, \cdots, \alpha_\nu, \cdots。$

我们将确定一个数,它具有既属于(II),但又不是(1)中的元素这样两个性质。如果假设成立的话,这两点是彼此矛盾的。因

---

*该性质是,一个"素数"α是这样一个数:只有$\beta = 1$或$\beta = \alpha$时,它才能被分解为$\alpha = \beta\gamma$。

†参见下一节。

此，我们只能得出结论：(II)不能以(1)的形式排列，因而它不具有第一种势。令 α_{κ_2} 是(I) 中第一个大于 α_1 的数，α_{κ_3} 是第一个大于 α_{κ_2} 的数，如此等等，我们有

$$1 < \kappa_2 < \kappa_3 < \cdots,$$
$$\alpha_1 < \alpha_{\kappa_2} < \alpha_{\kappa_3} < \cdots$$

和

$$\alpha_\nu < \alpha_{\kappa_\lambda}, \text{ 如果 } \nu < \kappa_\lambda。$$

现在可能出现这种情况，从某个数 α_κ 开始，序列(1)中所有在它后面的数都小于它，这时显然它是一个最大数。另一方面，如果不存在这样的数，设想在从1开始但小于 α_1 的序列上续接一个由 $\geq \alpha_1$ 且 $< \alpha_{\kappa_2}$ 的那些整数构成的序列，然后再续接上由 $\geq \alpha_{\kappa_2}$ 且 $< \alpha_{\kappa_3}$ 的整数构成的序列，如此下去；我们将得到一个由(I)和(II)中的数顺序构成的一个确定部分，它显然有第一种势。于是，按照(II)的定义，在(II)中有一个大于所有这些数的最小的数 β。因此，$\beta > \alpha_{\kappa_\lambda}$，因而也有 $\beta > \alpha_\nu$，而且对每个 $\beta' < \beta$，一定有某个数 α_{κ_λ} 超过它。

如果存在一个最大数 $\alpha_{\kappa_\rho} = \gamma$，则数 $\gamma + 1$ 就是(I)中的但不是(1)的数；如果不存在最大数，则 β 就是(II) 中的数而不在(1)中。

此外，(II)的势是比(I)**次大**的势，从而它们之间没有其他的势，因为任意(I)和(II)中的数做成的集合都具有(I)或(II)的势。事实上，这种集合 Z_1 当它的元素按大小次序排列时是一个良序集，从而可以表示为

$$(\alpha_\beta), \quad (\beta = \omega, \omega + 1, \cdots, \alpha, \cdots)。$$

这里总有 $\beta < \Omega$，Ω 是(III)中的第一个数。因此 (α_β) 或者有穷，或者具有(I)或(II)的势，**三者必居其一**。由此可得如下定理：如果 M 是任意具有第二种势的良定义集，M' 是 M 的部分，M'' 是 M' 的部分，而且又知道 M'' 与 M 有相同的势，那么 M' 与 M，因而也与 M'' 有相同的势。康托还指出，这个定理一般情况下都是成立的，并允诺还要回过头来讨论它。*

虽然超穷数一般不满足交换律而满足结合律，但"凭直觉即可以知道"一般有下述形式的分配律成立

$$(\alpha + \beta)\gamma = \alpha\gamma + \beta\gamma,$$

其中 $\alpha + \beta, \alpha, \beta$ 是乘数。

接下来康托讨论了减法、除法、素数以及可以表作超穷数 ω 的有理整函数的那些数的加法和乘法，其方法与下面译出的1897年的论文中给出的基本相同。在这篇论文中，这些讨论题讨论得更完备，同时与《基础》比较起来它更加注意了逻辑形式方面的问题。

《基础》中一个饶有趣味的部分是讨论在哪些条件下，数学中引进（像 ω 这样的）新概念将被看作是合理的。讨论的结果已反映在康托定义新数的过程中："我们可以把这些数看作是'实在'的，其含义是，按照定义，它在我们的认识中占有一个完全确定的位置，它能够与我们思想中的其他组成部分明确区分开来，并与它们有着某些确定的联系，因而它以一种确定的方

---

* 从发表在《数学年鉴》(*Math. Ann.*) 第十六卷, 1985, 第484页上的这个定理我们可以推断出这里用到了任意集合都能良序化这一事实，但我们现在知道（见第170页）这里所说的定理是先于任意集合都能良序化这一定理的。

式描述了我们思想的本质。"我们可以把这些新数看成是"实在的"："像人们所能区分的，它们应被看成是对外部世界的过程和关系的一种表征或映象（*Abbild*）。"在这儿，康托的立场是，前一种实在性蕴含了后一种实在性，*但要证明这点却往往是形而上学最困难的一个问题。不过，在纯数学中，我们只需考虑第一种实在性，于是，"数学在它的发展中是十分自由的，其唯一要求是自明性，即它的概念必须是自身无矛盾的，同时与先前通过明确定义的，已形成和确认的其他概念有着确定的关系。特别是，在引进新数时，只需给出它们的定义，以保证新数具有这样一种确定性以及它们与旧数之间具有这样一种联系，使得在给定的场合，可以把它们彼此区分开来。一个数一旦满足所有这些条件，它在数学中就可以，而且必须被认为是真实的和存在的。由此我就懂得了为什么我们必须像对待正整数那样，把有理数、无理数和复数都看作是存在的。"

不必担心在数的形成过程中，这种自由会影响科学性。因为，一方面导致这种自由的那些条件不大可能产生多大的随意性；另一方面，每个数学概念都有一种必要的自我完善能力——如果它没有意义或不方便，很快就会显现出它的无效性，从而被淘汰。

为了寻求对于在纯数学中概念是自由的、不受形而上学的束缚的这种见解的支持，康托列举了19世纪几位最伟大的数学家和他们所建立的数学分支，其中特别有启发性的是库默尔

---

*依康托之见，这是因为"我们自身也属于这统一体"的缘故，因而，正如文中所说，在纯数学中，我们只需注意概念在第一种意义下的实在性。

（Kummer）将"理想"数引进数论的例子。但是，像分析力学和物理学这样的"应用"数学，无论就它的基础还是研究目标而言，都是**形而上学的**。正如后来一位著名的物理学家所说*："如果要摆脱形而上学，它将退化为一种'对自然的描述'，这种描述必然失去自由数学思想的那种清新气息，并且再没有**说明**自然面貌和**在此基础上建立新理论的**能力。"

康托关于正确形成数学概念应遵循程序的见解很有意义。按照他的看法，这种程序总是一样的；一开始我们面前只有一个除了名称或者说一个符号A之外没有任意特征的东西，然后依次对它进行不同的，甚至是无穷种不同的描述，描述时使用先前已建立起来的那些概念，而这些概念彼此不能矛盾。这样，A与原来的那些概念，特别是那些与它同源的概念之间的关系就确定了；实现了这一步，确定概念A的全部条件就完备了，从而实现了概念第一种意义下的"实在性"，要证明它第二种意义下的"实在性"则是形而上学的问题了。

这似乎与海涅在一篇文章中将实数定义为**符号**，然后给它们以各种性质的做法相一致，海涅的这篇文章，部分地受到他与康托讨论的影响。但是，正如我们以后会看到的，康托自己后来却强调指出当克朗内克（L. Kronecker）和冯·赫尔姆霍兹从数论中最不重要的序数的**词**或**符号**出发来阐述数概念时犯了错误。因此我认为，我们必须把康托这个见解看作一种标志，它表明在那

---

*此人显然是指基尔霍夫（Kirchhoff）。众所周知，基尔霍夫曾指出过这点（《数学物理学讲义》，第一卷，《力学》，莱比锡，1874），参见马赫（Ernst Mach）《力学》的序言（第三版，芝加哥和伦敦，1907；增补卷，芝加哥和伦敦，1915）和《科普讲座》（*Popular Scientific Lectures*）（第三版，芝加哥和伦敦，1898，第236-258页）。

个时候（1882年）康托是数的理论，至少在有理的非整数的实数理论上是一个形式主义支持者。

事实上，康托关于数学意义上"实在性"的见解与无理数和超穷数的引进有着密切的关系，这个见解同汉克尔（1867年）关于"可能"的和"不可能"的数的看法实质上是相同的。汉克尔是一个形式主义者，尽管不是一个一贯的形式主义者。他的理论在1884年曾受到弗雷格的尖锐批判。不过这种批判已标志着数学的**逻辑**理论的开始。康托的早期工作属于**形式主义**阶段，后期则可以称之为**心理学主义**阶段。

最后，康托严格地明确了"连续统"概念的含义。他简单回顾了留基伯（Leucippus）、德谟克利特（Democritus）、亚里士多德、伊壁鸠鲁（Epicurus）、卢克莱修（Lucretius）和托马斯·阿奎那（Thomas Aquina）等人关于这个概念的讨论，强调指出，我们不能从时间或空间概念入手来确定连续统，因为这些概念只有借助连续性概念才能阐述清楚，后者必须独立于时间空间概念。于是，康托从 n 维**算术**空间 G_n 入手，即从全体 n 元组

$$(x_1, x_2, \cdots, x_n)$$

入手，其中每个 x 独立地取到 $-\infty$ 到 $+\infty$ 间的任意实数值，这样的 n 元组称为 G_n 的"算术点"，两个这种点之间的距离由表达式

$$+\sqrt{(x_1' - x_1)^2 + (x_2' - x_2)^2 + \cdots + (x_n' - x_n)^2}$$

确定，包含在 G_n 中的一个"算术点集" P 是一个依据某种法则从 G_n 中选定的一些点做成的集合。于是，接下来的问题是要清晰而且尽可能一般地确定，什么时候可以把 P 称为一个连续统。

如果P的一阶导集P'具有(I)的势，则存在(I)或(II)中第一个使$P^{(\alpha)}$为空集的α，但如果P'不具有(I)的势，则P'总可以以唯一的方式分解为两个集合R和S，其中R是"可约集"，即存在一个(I)或(II)中满足

$$R^{(\gamma)} \equiv 0$$

的第一个数γ，而S是它自身的导集，即

$$S \equiv S'\,.$$

当然也有

$$S \equiv S^{(\gamma)}\,.$$

这时S称为是"完备的"。没有一个集合既是可约的又是"完备的"，"但另一方面，只要稍加注意就可以看出，不可约集没有完备集那么多，不完备也并非恰好就是可约"。

完备集未必总是处处稠密的，康托给出了一个在任意区间上都不是处处稠密的完备集的例子。因此这类集合不适宜作为连续统的完整定义，尽管我们得承认连续统应该是完备集。这种集合的另一特征还应是**连通的**（*zusammenhangend*），即如果t和t'是集合中两个点，ε是一个给定的任意小正数，则存在P中有限个点$t_1, t_2, \cdots, t_\nu$，使得所有距离$t\,t_1, t_1 t_2, \cdots, t_\nu t'$都小于$\varepsilon$。

不难看出，"一切我们已知的几何的点连续统都是连通的；从而现在我相信'完备的'和'连通的'这两个性质是刻画点连续统的充分且必要的条件"。

波尔察诺（1851）的连续统定义事实上是不正确的。因为它只表达了连续统的**一个**特性。在G_n中去掉若干孤立点后形成的

集合，以及由若干分离的连续统构成的集合都具有这个性质。在康托看来，戴德金*也只强调了连续统的**另一**特性，即它和一切完备集所共有的那个特性。

我们将略去点集理论在1882年以后的进一步发展，即本狄克逊（Bendixson）和康托关于完备集势的研究。康托的"附帖（*adherences*）"、"凝聚（*coherences*）"的理论，康托、斯笃兹、哈尔纳克（Harnack）、约当（Jordan）、波莱尔（Borel）及其他人关于集合"容量"的研究，以及由约当、布罗登（Brodén）、奥斯古德（Osgood）、贝尔（Baire）、阿尔策拉（Arzelà）、舍恩弗里斯（Schoenfiles）和其他许多人关于点集理论在函数论方面的应用。这里我们来追溯1883年到1895年康托关于超穷基数和超穷序数理论研究的情况。

VIII

康托关于超穷数理论从1883年到1890年的思想发展过程，曾在 1887 年和 1888 年以论文形式发表在《哲学和哲学批判》（*Zeitschrift für Philosophie und philosophische Kritik*）杂志上，并且1980 年收集整理成名为《关于超穷数的理论》（*Zur Lehre vom Transfiniten*）的小书出版。这本小册子的大部分内容是关于哲学家们拒绝承认无穷数可能存在的讨论†，这些讨论摘自他与哲学家和神学家们的通信。康托指出"不管就具体的特例还是一般论证而言，所有关于"实无穷是不可能的"所谓证明都是错误

---

* 《数论辑录》（*Essays on Numbers*），第11页。

† 参见第VII节靠近开头的部分。

的，因为他们从开始就要求无穷具有有穷数的所有特性。然而，如果无穷数能够以任意方式被理解的话，它们应构成一个与有穷数完全不同的全新的数类，它们的本质特性依赖于事物的本质，是研究的客观对象，并不从属于主观臆想和偏见"。

1883年，康托开始讲述他关于整数和序型的一般概念（*unum versus alia*）。这个与集合有关的一般概念是从集合出发通过抽去集合元素的质的特性得到的。"每个可加以区别的事物的集合都可以看作一个整体，这些事物就是它的元素。如果抽去元素的质的特性和它们在集合中出现的次序，我们就得到'基数'或'势'的概念，这是一个一般概念，在这个概念下元素和所谓的个体，彼此有机地结合成一个整体，它们中每一个都与其他任意一个处于同等地位。于是两个不同的集合具有相同的基数当且仅当它们被我称为彼此'等价的'。从而经常发生这样的情况，两个无穷集合，其中一个是另一个的部分，但他们的基数相等，这没有什么矛盾。我认为不承认这一事实是引进无穷数的主要障碍。如果我们对其进行抽象的对象是按照一种或多种关系（维数）排列好的集合，我们仅仅抽去其元素的质的特性，而保留集合中元素原来的次序，那么这样出现的有机整体，就是我所说的'序型'，在良序集的情况下就是'序数'，这个序数同我在1883年《基础》中所说的'良序集的计数（*Anzahl*）'是同一个东西。如果两个有序集彼此'相似'，则它们具有相同的序型。这个相似关系，我们将确切地加以定义。所有这些是超穷序型理论，特别是超穷序数理论逻辑地必然发展的基础。我希望能尽早地系统发表它们。"

康托在1884年的一封信中也曾谈到1883年讲话中的内容。信中指出，一个集合M的基数是所有与M等价的集合所共有的一个一般概念，还说：

"集合论中的一个最重要的问题——我认为在《基础》中我已经解决了它的主要部分——是要本质上确定我们能够理解的一切集合的各种不同的势。我借助于发展良序集的势的计数也就是序数的概念，达到了这一目的。"序数的概念是序型概念的特殊情形。后者与任意简单或多重有序集的关系正如同序数和良序集的关系一样。现在出现的问题是如何确定现实存在的各种序数。

当康托说已经解决了本质上确定各种势这个问题的主要部分时，他指的是他差不多证明了算术连续统 的势与第二类序数的势相同。尽管康托确信这一点，这很可能是由于他发现，在连续统中所有已知的集合或者具有第一种势，或者具有连续统的势，但这个定理的证明或者否证至今没有给出，而且有某种理由相信它根本不可能给出。

康托在《基础》中指出的两个良序集具有相同的计数就是这里所说的"相似"。对于两个序数相乘的运算，他采用了与《基础》中相反的规则，把乘数写在了右边，而被乘数写在了左边，这一改变的重要性可以从我们能写出$\alpha^{\beta} \cdot \alpha^{\gamma} = \alpha^{\beta+\gamma}$这一事实看出来；而按照《基础》中的表示方法，只能写成$\alpha^{\beta} \cdot \alpha^{\gamma} = \alpha^{\gamma+\beta}$。

在这封信的末尾，康托指出，在某种意义上，ω可以看作全体有穷整数ν的极限，这里"ω是大于**所有**有穷数的最小超穷序数；这同$\sqrt{2}$是某些逐渐增大的有理数的极限是一样的，只是有以下这点差异：$\sqrt{2}$和那些近似小数之间的距离可以变得要多小有多小，而$\omega - \nu$却总等于ω。但是，这个差异并不能改变一个事实，即ω可以看作如$\sqrt{2}$一样是完全确定的，也不能改变这一个事实，即ω与趋向于它的那些数ν之间与$\sqrt{2}$和它的近似小数之间一样没有别的东西。在某种意义上，超穷数是**新无理数**。而且实际上照我看来，定义**有穷**无理数最好的方法原则上与我们引入超穷数所采用的方法是相同的。因此我们可以说，超穷数与有穷有理数就其最根本之点来说是相似的，它们都是实无穷的某种确定的表达形式。"

这段话与1886年的一封信中的一段话有关："最后，我仍必须向你说明是在哪种意义上我认为最小的超穷数可以作为不断增大的有穷数的极限。为此，我必须考虑到在有穷数范围内，'极限'概念有两个基本特性。例如，数1是数$z_\nu = 1 - \frac{1}{\nu}$的极限，其中$\nu$是一个有穷整数量，它无限制地增大。第一，差$1 - z_\nu$是一个可以无限变小的量；其次，1是所有大于$z_\nu$的数中最小的数，这两个性质都刻画了有穷数1是变量$z_\nu$的极限。如果希望将极限概念扩充到超穷领域，我们用上述的第二性质，而第一性质必须放弃，因为它只适用于有穷数。我把ω叫做那些逐渐增大的有穷整数的ν的极限，因为ω是所有大于一切有穷数中最小的一个。但是，$\omega - \nu$总是与ω相等。因此，我们不能说ν与ω要多接近有多接近；事实上，无论数ν有多大，它距离ω和最小有穷数距离ω一样远。这里我们特别清楚地看到一个非常重要的事实，即最小超穷序数ω，从而一切更大的序数都不在无穷序列$1, 2, 3, \cdots$内，因此，ω**不是**有穷数中的最大数，因为不可能有这种事。"

在1886年的另一封信中，康托强调了无理数的另一面。在所有关于无理数的定义中，事实上都用到了一个特殊的有理数构成的**实无穷**集合。在这封信和1886年的另一封信中，康托又重新详尽地考察了他在《基础》中曾使用另一名称着重论证过的"潜"无穷和"实"无穷的区别。潜无穷是一种变化着的有穷，而且为了完全掌握这种变化的量，我们必须能够确定变化域，一般来讲，这个变化域只可能是数值的一个实无穷集合。因此，每个潜无穷必定预先假定了一个实无穷，而这些集合论研究的变化域正是算术和分析的基础。此外，除了实无穷集合外，在数学中，我们还必须考虑对这些集合所进行的数学的自然抽象。这些抽象构成了超穷数理论的基础。

1885年，康托大大发展了他的基数和序数理论。

在那篇长文中，康托特别注重于序型理论的研究，而且仔细地讨论了他先前没有发表的一些内容，如一般序型以及作为其特例的序数的定义。在这篇文章中，他还用 $\overline{\overline{M}}$ 表示一个集合的基数，$\overline{M}$ 表示 M 的序型；这里字母上方线条的书目指出是完成了一次还是两次抽象的手续。

在计数理论中，康托定义了两个基数的加法和乘法，而且证明了关于他们的基本运算法则，其证明方法与下面将译出的1895年的论文中给出的方法基本相同。在康托看来，必须严格区分集合和它具有的基数，"难道集合不是一个**独立于我们之外**的对象，而基数则是它在**我们头脑中**的一幅抽象图画吗？"

对于一个具有任意维数的序集，例如，由三个直角坐标确立的空间中某些点的全体，或者一段音乐，它的维数是按时间次序的一些音调，每个音调持续的时间，音调的高低和音调的强度，"如果我们抽去其元素的特性，而保留它们在n个不同方向上的排列次序，就会产生一幅思维的图像，这是一个一般概念，我称它为一个n重序型。"有序集之间的相似"定义如下：

"两个n重有序集M合N称为相似的，如果在他们的元素之间能唯一并无遗漏地一种对应，使得如果 E 和 E' 是 M 中的任意两个元素，F 和 F' 是 N 中两个对应的元素，则对于 $\nu = 1, 2, \cdots, n$，在第ν个方向上，E和E'之间在集合M中的排列次序，恰好与N中F和F'之间在第ν个方向上的排列次序相同。我们把两个彼此相似集合之间的这种对应称为一个到另一个的映射。"

序型的加法、乘法以及它们的基本运算法则和下面将译出的1895年的论文中的基本相同。文章的其余部分讨论了关于n重有穷序型的问题。

1888年，康托已经有了一种非常明确的思想，即认为数概念的本质部分在于我们已经形成的那个整体性观点，他对于1887年赫尔姆霍兹、克朗内克发表的关于数概念的论文给予了某些有趣的批评。这两位作者在研究序数时都总从最不必要的一点出发，即从我们用来表示这些数的词或符号出发。

1887年，康托给出了关于不存在实无穷小量的一个更详细的证明，被认为比《基础》中给出的证明更进了一步。后来皮亚诺（Peano）使它具有了一个更严格的形式。

我们已经提到了康托1883年及以后发表的关于点集研究的文章。除此之外，他涉及超穷数论的一个重要问题的唯一尚未提到的论文发表于1892年。在这篇文章中，我们可以看到在将要译出的1895年的论文中定义的"覆盖（*Belegung*）"概念的来源。采用论文中的术语，我们可以说，1892年的文章中证明了当2以一个超穷基数为幂时，将产生一个新的超穷基数，它大于原来的超穷基数。

1885年到1895年，超穷数理论的最惊人的进展是"覆盖"概念的引入。我们现在可以研究康托在1895年和1897年的两篇重要的论文中给出的超穷数理论的最成熟的形式了。1897年以后，超穷数理论的重要进展，我们将在本书末尾的附录中提及。

朱得因

超穷数理论基础

第一部分

"不作任何假设。"

"我们绝不按照自己的意图把法则强加于心智或事物，而是如同忠实的抄录员，从自然的启示中接受这些法则并记录它们。"

"这一天一定会来临，届时那些现在对我们来说是隐蔽的东西终被揭示出来。"

§1 势或基数的概念

我们把"集合（*Menge*）"理解为我们的直觉或思维能够确定和加以区分的对象 m 所汇集成的总体（*Zusammenfassung zu einem Ganzeri*）M，我们称这些对象为集合的"元素"。

记为：

(1) $$M = \{m\}。$$

由多个没有公共元素的集合 $M, N, P, \cdots$ 合并在一起构成一个单独集合,用

$$(2) \qquad (M, N, P, \cdots)$$

表示。这个集合的元素是由 M 的元素, N 的元素, P 的元素,……收集在一起得到的。

我们用集合的"部分"来称呼由 M 的若干元素构成的任意不同于集合 M 的集合 M_1。

如果集合 M_2 是 M_1 的部分,且 M_1 是 M 的部分,则 M_2 也是 M 的部分。

每一个集合都有一确定的"势",也称为该集合的"基数"。

我们用 M 的"势"或"基数"来命名这样一个一般概念,它由我们的下述思维活动所产生,即设想从集合 M 中抽象掉其中所有元素 m 的具体性质及其给定的序关系后还余下的东西。

我们用

$$(3) \qquad \overline{\overline{M}}$$

表示作为这二重抽象结果的 M 的势或基数。

如果我们抽去元素具体性质,每个单个的元素就变成一个"单元"(*unit*),因此基数 $\overline{\overline{M}}$ 就成为由这些单元组成的一个确定的集合,而这个基数作为给定集合 M 的一种理智的想象或投影就存在于我们的头脑中了。

我们称两个集合 M 和 N 是等价的,用

$$(4) \qquad M \sim N$$

表示，如果按照某种法则，它们彼此之间能够建立一种关系，使一个集合中每个元素有且仅有一个另一个集合中的元素与之对应。这样，对于M中每个部分M_1都有N的一个确定的等价的部分N_1与之对应，反之亦然。

如果两个等价集合间有这种对应法则，除了这两个集合都只有一个元素的情形，我们可以尝试按多种方式修改该法则。例如我们可以只考虑M中的一个元素m_0与N中的某个元素n_0相对应的情形，如果按照原来的法则，m_0与n_0彼此不对应，而是m_0与n_1对应，n_0与m_1对应，那么我就可以修改该对应法则，使得m_0对应于n_0，m_1对应于n_1，且同时保持对M和N的其他元素，原先的对应法则保持不变，用这种方式可以处理它们的所有元素。

每个集合都与自身等价：

$$(5) \qquad\qquad M \sim M。$$

如果两个集合都和第三个集合等价，则它们彼此等价，即

$$(6) \qquad\qquad 由M \sim P和N \sim P，可得M \sim N。$$

下述定理是基本且重要的：两个集合M和N有相同的基数当且仅当它们等价，就是说，

$$(7) \qquad\qquad 由M \sim N，可得\overline{\overline{M}} = \overline{\overline{N}}。$$
$$(8) \qquad\qquad 由\overline{\overline{M}} = \overline{\overline{N}}，可得M \sim N。$$

因此，集合之间等价性构成了它们基数相等的充要条件。

事实上，按照上述关于势的定义，即使将集合M的一个、多个，甚至所有的元素m都用别的东西来替换，M的基数$\overline{\overline{M}}$也仍会

保持不变。现在，如果 $M \sim N$，则存在某一对应法则，使得 M 和 N 彼此一一对应；依据这一法则，对应于 M 中元素 m 的是 N 中的元素 n，于是我们可以设想将 M 中的每一个元素 m 用 N 中的对应元素 n 替换，这样就可以在不改变集合基数的情况下将 M 变成 N，于是

$$\overline{\overline{M}} = \overline{\overline{N}}。$$

定理的逆由如下命题得出：M 的元素和它的基数 $\overline{\overline{M}}$ 的不同单元之间存在一种互逆单值对应关系（或一一对应）。因为正如我们看到的，$\overline{\overline{M}}$ 可以说是由 M 以这样一种方式产生的，即从 M 的每个元素产生 M 的一个特定单元，因此可以说

(9) $$M \sim \overline{\overline{M}}。$$

同理，$N \sim \overline{\overline{N}}$。如果有 $\overline{\overline{M}} = \overline{\overline{N}}$，则由(6)，有 $M \sim N$。

下面的定理可从等价的概念直接得出，即如果 $M, N, P, \cdots$ 是没有公共元素的集合，$M', N', P', \cdots$ 也是这样的集合，且如果

$$M \sim M', N \sim N', P \sim P', \cdots,$$

则我们总有

$$(M, N, P, \cdots) \sim (M', N', P', \cdots)。$$

§2 势的"大"或"小"

如果两个基数分别为 $\mathfrak{a} = \overline{\overline{M}}, \mathfrak{b} = \overline{\overline{N}}$ 的集合 M 和 N 满足如下条件：

(*a*) 不存在 M 的部分与 N 等价，

(*b*) 存在 N 的部分 N_1 使得 $N_1 \sim M$，

则显然，如果 M 和 N 分别由两个与之等价的集合 M' 和 N' 替代，上述两个条件仍满足。因此这两个条件表达了基数 $\mathfrak{a}$ 与 $\mathfrak{b}$ 之间的一种确定关系。

其次，这里 M 和 N 的等价性，及随之而得的 $\mathfrak{a}$ 与 $\mathfrak{b}$ 相等的可能性，也被排除掉了；因为若 $M \sim N$，由于 $N_1 \sim M$，就有 $N_1 \sim N$，又因为 $M \sim N$，则存在 M 的一个部分 M_1，使 $M_1 \sim M$，从而 $M_1 \sim N$；而这与(*a*)矛盾。

第三，$\mathfrak{a}$ 相对于 $\mathfrak{b}$ 的关系与 $\mathfrak{b}$ 相对于 $\mathfrak{a}$ 的关系不可能相同；因为如果在(*a*)和(*b*)中互换 M 和 N 的部分，所产生的两个条件与原来的条件矛盾。

我们用 $\mathfrak{a}$ "小于" $\mathfrak{b}$ 或 $\mathfrak{b}$ "大于" $\mathfrak{a}$ 表达由(*a*)和(*b*)刻画的 $\mathfrak{a}$ 与 $\mathfrak{b}$ 之间的关系，记为

(1) $$\mathfrak{a} < \mathfrak{b}, \text{ 或 } \mathfrak{b} > \mathfrak{a}。$$

我们很容易证明

(2) $$\text{如果 } \mathfrak{a} < \mathfrak{b} \text{ 且 } \mathfrak{b} < \mathfrak{c}，\text{则总有 } \mathfrak{a} < \mathfrak{c}。$$

类似地，由定义立即可得，如果 P_1 是 P 的部分，由 $\mathfrak{a} < \overline{\overline{P_1}}$ 可得 $\mathfrak{a} < \overline{\overline{P}}$，由 $\overline{\overline{P}} < \mathfrak{b}$ 可得 $\overline{\overline{P_1}} < \mathfrak{b}$。

我们已经看出，下面三种关系中若有一成立，则其余不成立：

$$\mathfrak{a} = \mathfrak{b}, \quad \mathfrak{a} < \mathfrak{b}, \quad \mathfrak{b} < \mathfrak{a}。$$

另一方面，对任意两个基数 a 和 b 而言，上述三种关系必成立其中之一这个命题并非自明，而且现阶段我们很难证明它。

到后面我们有了超穷数的上升序列，搞清了它们之间的联系后，才能证明如下定理 A 成立。

A. 如果 a 和 b 是任意两个基数，则或者 $a = b$，或者 $a < b$，或者 $a > b$。 □

由这个定理可以得到以下几个定理，这些定理我们现在不用，其推证也不难：

B. 如果 M 和 N 是这样两个集合，使得 M 和 N 的部分 N_1 等价，使得 N 和 M 的部分 M_1 等价，则 M 和 N 等价。 □

C. 如果 M_1 是 M 的部分，M_2 是 M_1 的部分，且 M 和 M_2 等价，则 M_1 和 M，M_2 都等价。 □

D. 如果对于两集合 M 和 N 而言，N 既不与集合 M 等价也不与 M 的任何部分等价，则存在 N 的部分 N_1 和 M 等价。 □

E. 如果两个集合 M 和 N 不等价，且 N 中有部分 N_1 和 M 等价，则 M 的任意部分都不与 N 等价。 □

§3 势的加法和乘法

在 §1 我们已经用 (M, N) 表示两个没有公共元素的集合 M 和 N 合并在一起所构成的集合，现在我们称之为"M 和 N 的并集（*Vereinigungsmenge*）"。

如果M'和N'是另外两个没有公共元素的集合，且$M \sim M'$，$N \sim N'$则有$(M, N) \sim (M', N')$。因此(M, N)的基数仅依赖于基数$\overline{\overline{M}} = \mathfrak{a}$和$\overline{\overline{N}} = \mathfrak{b}$。

由此导出$\mathfrak{a}$和$\mathfrak{b}$的和的定义，我们用

$$(1) \qquad \mathfrak{a} + \mathfrak{b} = \overline{\overline{(M, N)}}$$

表示。

由于在势的概念中，我们抽去了元素间的序关系，因此立即可得

$$(2) \qquad \mathfrak{a} + \mathfrak{b} = \mathfrak{b} + \mathfrak{a};$$

而且对任意三个基数$\mathfrak{a}, \mathfrak{b}, \mathfrak{c}$，我们有

$$(3) \qquad \mathfrak{a} + (\mathfrak{b} + \mathfrak{c}) = (\mathfrak{a} + \mathfrak{b}) + \mathfrak{c}。$$

接下来讨论乘法。我们可以想象将一个集合M中的任意一个元素m与另一个集合N的任意一个元素相联，以产生一个新的元素(m, n)；我们用$(M \cdot N)$表示所有这些连接(m, n)构成的集合，并称为"M和N的连接集"（$Verbindungsmenge$），即

$$(4) \qquad (M \cdot N) = \{(m, n)\}。$$

我们看到$(M \cdot N)$的势只依赖于$\overline{\overline{M}} = \mathfrak{a}, \overline{\overline{N}} = \mathfrak{b}$；如果分别用与$M$和$N$等价的集合$M' = \{m\}$和$N' = \{n\}$来替换$M$和$N$，且视$m$和$m', n$和$n'$为相互对应的元素，则集合$(M' \cdot N') = \{(m', n')\}$就是与集合$(M \cdot N)$互逆单值对应的，并以$(m, n)$和$(m', n')$为对

应元素。于是

(5) $(M \cdot N) \sim (M' \cdot N')。$

现在我们用等式

(6) $\mathfrak{a} \cdot \mathfrak{b} = \overline{\overline{(M \cdot N)}}$

定义 $\mathfrak{a}$ 与 $\mathfrak{b}$ 的乘积。

一个具有基数 $\mathfrak{a} \cdot \mathfrak{b}$ 的集合也可以依照下述法则由基数分别为 $\mathfrak{a}$ 和 $\mathfrak{b}$ 的集合 M 和 N 构成：从集合 N 出发，把 N 中的每个元素 n 换成一个集合 $M_n \sim M$；然后将这些集合 M_n 的元素汇集成一个整体 S，则我们有

(7) $S \sim (M \cdot N),$

从而有

(8) $\overline{\overline{S}} = \mathfrak{a} \cdot \mathfrak{b}。$

因为，按照等价集合 M 和 M_n 的任意给定的对应法则，如果我们用 m 表示在 M 中与 M_n 中的元素 m_n 相对应的元素，则有

(9) $S = \{m_n\};$

因而，如果视 m_n 和 (m, n) 为对应元素的话，集合 S 和集合 $(M \cdot N)$ 之间就可以有一个一一对应关系。

由定义不难得出如下定理：

(10)
$$\mathfrak{a} \cdot \mathfrak{b} = \mathfrak{b} \cdot \mathfrak{a},$$

(11)
$$\mathfrak{a} \cdot (\mathfrak{b} \cdot \mathfrak{c}) = (\mathfrak{a} \cdot \mathfrak{b}) \cdot \mathfrak{c},$$

(12)
$$\mathfrak{a} \cdot (\mathfrak{b} + \mathfrak{c}) = \mathfrak{a} \cdot \mathfrak{b} + \mathfrak{a} \cdot \mathfrak{c},$$

这是因为

$$(M \cdot N) \quad \sim \quad (N \cdot M),$$
$$(M \cdot (N \cdot P)) \quad \sim \quad ((M \cdot N) \cdot P),$$
$$(M \cdot (N \cdot P)) \quad \sim \quad ((M \cdot N), (M \cdot P))。$$

可见势的加法和乘法满足交换律、结合律和分配律。

§4 势的幂

我们用"在集合N上，用集合M的元素所做的覆盖"或简单地用"M对N的覆盖"来表示一种法则，使得对N中的每个元素都有一个M中的一个确定元素与之相联，M中的同一元素可被重复使用。M中与n相联的那个元素在某种意义下是n的单值函数，可以用$f(n)$表示；称为"n的覆盖函数"。与N对应的覆盖记作$f(N)$。

两个覆盖$f_1(N)$和$f_2(N)$称为相等的，当且仅当对于N中所有元素n，等式

(1)
$$f_1(n) = f_2(n)$$

成立。因此，只要对于某个元素 $n = n_0$ 等式 (1) 不能够被满足，$f_1(N)$和$f_2(N)$就刻画了N的不同的覆盖。例如，如果m_0是M中一

个特定的元素，对于所有的 n，可以固定

$$f(n) = m_0,$$

这个法则就确定了一个特殊的 M 对 N 的覆盖。如果 m_0 和 m_1 是 M 中两个不同的特定元素，n_0 是 N 中一个特定元素，我们通过对所有不同于 n_0 的 n，设定

$$f(n_0) = m_0, \quad f(n) = m_1$$

就得到另一个覆盖。

M 对 N 的不同覆盖的全体构成了一个以 $f(N)$ 为元素的集合，我们称之为 "M 对 N 的覆盖集"（*Belegungsmenge*），并用 $(N \mid M)$ 表示，于是：

$$(2) \qquad\qquad (N \mid M) = \{f(N)\},$$

如果 $M \sim M'$，$N \sim N'$，不难看出

$$(3) \qquad\qquad (N \mid M) \sim (N' \mid M')。$$

这样 $(N \mid M)$ 的基数仅依赖于基数 $\overline{\overline{M}} = \mathfrak{a}$ 和 $\overline{\overline{N}} = \mathfrak{b}$，可以用它来定义 $\mathfrak{a}^{\mathfrak{b}}$，即

$$(4) \qquad\qquad \mathfrak{a}^{\mathfrak{b}} = \overline{\overline{(N \mid M)}}。$$

对任意三个集合 M, N, P，我们不难证明如下定理：

$$(5) \qquad ((N \mid M) \cdot (P \mid M)) \sim ((N, P) \mid M),$$

$$(6) \qquad ((P \mid M) \cdot (P \mid N)) \sim (P \mid (M \cdot N)),$$

$$(7) \qquad (P \mid (N \mid M)) \sim ((P \cdot N) \mid M),$$

于是如果记 $\overline{P} = c$，则由(4)和§3，对任意三个基数 $\mathfrak{a}, \mathfrak{b}, \mathfrak{c}$，可得如下定理：

(8) $$\mathfrak{a}^{\mathfrak{b}} \cdot \mathfrak{a}^{\mathfrak{c}} = \mathfrak{a}^{\mathfrak{b}+\mathfrak{c}},$$

(9) $$\mathfrak{a}^{\mathfrak{b}} \cdot \mathfrak{b}^{\mathfrak{c}} = (\mathfrak{a} \cdot \mathfrak{b})^{\mathfrak{c}},$$

(10) $$(\mathfrak{a}^{\mathfrak{b}})^{\mathfrak{c}} = \mathfrak{a}^{\mathfrak{b} \cdot \mathfrak{c}}。$$

通过下面的例子，我们可以看到这些可推广至集合势上的简单公式具有多么丰富的内涵。如果用 $\mathfrak{d}$ 表示直线上的连续统 X（即所有满足 $0 \le x \le 1$ 的全体 X）的势，容易看出它也可以用公式

(11) $$\mathfrak{d} = 2^{\aleph_0}$$

表示，$\aleph_0$ 的意义见§6。事实上，根据(4)，$2^{\aleph_0}$ 是所有在二进制中可表示为

(12) $$x = \frac{f(1)}{2} + \frac{f(2)}{2^2} + \cdots + \frac{f(\nu)}{2^\nu} + \cdots$$

的那些 x 的全体所构成的集合的势，（其中 $f(\nu) = 0$ 或 1）。我们注意到除了数 $x = \frac{2\nu+1}{2^\mu} < 1$ 有两种表示外，每个 x 仅有一种表示。如果用 $\{s_\nu\}$ 表示这后一个"可数"的总体，则我们有

$$2^{\aleph_0} = \overline{\overline{(\{s_\nu\}, X)}}。$$

如果从 X 中去掉任意一个"可数"集 $\{t_\nu\}$，而用 X_1 表示所余部分，

则

$$X = (\{t_\nu\}, X_1) \quad = \quad (\{t_{2\nu-1}\}, \{t_{2\nu}\}, X_1),$$

$$(\{s_\nu\}, X) \quad = \quad (\{s_\nu\}, \{t_\nu\}, X_1),$$

$$\{t_{2\nu-1}\} \sim \{s_\nu\}, \quad \{t_{2\nu}\} \quad \sim \quad \{t_\nu\}, \quad X_1 \sim X_1;$$

$$X \quad \sim \quad (\{s_\nu\}, X),$$

从而（§1）

$$2^{\aleph_0} = \overline{\overline{X}} = \mathfrak{d}。$$

由(11)出发，通过自乘（由§6(6)）可得

$$\mathfrak{d} \cdot \mathfrak{d} = 2^{\aleph_0} \cdot 2^{\aleph_0} = 2^{\aleph_0 + \aleph_0} = 2^{\aleph_0} = \mathfrak{d}。$$

因此通过连乘$\mathfrak{d}$有

(13) $$\mathfrak{d}^\nu = \mathfrak{d},$$

其中ν是任意有穷基数。

如果对(11)两边取$\aleph_0$次幂*，我们有

$$\mathfrak{d}^{\aleph_0} = (2^{\aleph_0})^{\aleph_0} = 2^{\aleph_0 \cdot \aleph_0},$$

但由§6(8)，$\aleph_0 \cdot \aleph_0 = \aleph_0$，所以

(14) $$\mathfrak{d}^{\aleph_0} = \mathfrak{d}。$$

公式(13)和(14)意味着ν维和$\aleph_0$维连续统均与一维有着相同的势。因此在1878年发表在《克莱尔杂志》第八十四卷上的文章†中的

---

* 英语中这个词（power）有歧义。

† 见引言V。

全部结果都能通过基数的基本运算公式经过上述几个步骤纯代数地导出。

§5 有穷基数

接下来我们将指出，上面已制定的，并在它的基础上后面我们将建立起实无穷或超穷基数理论的那些基本原则，也是建立有穷基数理论的最自然、最简洁和最严格的基础。

对一个单个的对象e_0，如果把它看作集合$E_0 = (e_0)$的一个元素，则我们称该集合的基数为"一"，记作1，我们有

$$(1) \qquad\qquad 1 = \overline{\overline{E_0}}。$$

现在将E_0和另一个元素e_1合并在一起，称并集E_1，即

$$(2) \qquad\qquad E_1 = (E_0, e_1) = (e_0, e_1),$$

则E_1的基数称为"二"，记作2：

$$(3) \qquad\qquad 2 = \overline{\overline{E_1}}。$$

通过逐次添加新的元素，我们得出一个集合的无穷序列

$$E_2 = (E_1, e_2), \quad E_3 = (E_2, e_3), \quad \cdots$$

它相继给出了记作$3, 4, 5, \cdots$的其他所谓的"有穷基数"。这些数在这里用作下标是合理的，因为每一个数被用作下标，只在它作为一个基数已经定义了之后。如果在上面的序列中，$\nu - 1$是ν的

直接前驱数，我们有

(4) $$\nu = \overline{\overline{E_{\nu-1}}},$$

(5) $$E_\nu = (E_{\nu-1}, e_\nu) = (e_0, e_1, \cdots, e_\nu)。$$

由§3中关于和的定义可得

(6) $$\overline{\overline{E_\nu}} = \overline{\overline{E_{\nu-1}}} + 1;$$

即除1外，每个基数都是它的直接前驱数与1的和。

下面的三个定理是重要的：

A. 有穷基数的无穷序列

$$1, 2, \cdots, \nu, \cdots$$

中各项彼此不同（即§1中建立的等价条件对这些基数所对应的集合不成立）。

B. 这些数ν中每一个都大于它的前驱数而小于（§2）它的后继数。

C. 相继的两个数ν与$\nu + 1$之间不存在其他基数（§2）。

这几个定理的证明依赖于如下D和E两定理，我们后面再给出严格证明：

D. 如果M是一个不与它的任意部分等价的集合，则通过添加单个元素得到的集合(M, e)也不与它的任意部分等价。

E. 如果N是具有有穷基数ν的集合，而N_1是N的任意一个部分，则N_1的基数与在ν前面的数$1, 2, 3, \cdots, \nu - 1$之一相等。

D的证明： 假定集合(M, e)与它的部分N等价，则出现以下两种导致矛盾的情形：

(a) 集合N包含e作为它的元素；令$N = (M_1, e)$，则M_1是M的部分，因为N是(M, e)的部分。正如我们在§1中看到的，两个等价集合(M, e)和(M_1, e)的对应法则可以修改，使得第一个集合的元素e对应于第二个集合的同一个元素e，这样M和M_1就是互逆单值对应的，但这与M不与它的任意部分M_1等价相矛盾。

(b) 集合(M, e)的部分N不包含e，这时N或者是M，或者是M的部分，按照我们的假设，依照(M, e)与N的对应法则，对于前一个集合中的e，令后一个集合中的元素f与之对应，同时令$N = (M_1, f)$；则集合M与M_1就建立了一种互逆单值对应，但由于M_1是N的部分，因而也是M的部分，这样M就与它的一个部分等价了，而这与假设矛盾。 □

E的证明： 我们假设定理对某个ν值为真，然后以下证明它对其直接后继$\nu + 1$也真。从集合$E_\nu = (e_0, e_1, \cdots, e_\nu)$出发，把它看作基数为$\nu + 1$的集合，如果对于这个集合定理为真，则由§1立即可得，对任意基数为$\nu + 1$的其他集合定理也为真。令E'是E_ν的任意部分，我们区别以下几种情况：

(a) E'不包含e_ν作为元素，这时或者E'是$E_{\nu-1}$，或者$E_{\nu-1}$的部分，因而或者基数为ν，或者基数为$1, 2, 3, \cdots, \nu - 1$之一，因为我们假设定理对于基数为ν的集合$E_{\nu-1}$为真。

(b) E'只由单个元素e_ν组成，则$\overline{\overline{E'}} = 1$。

(c) E'由e_ν和集合E''组成，即$E' = (E'', e_\nu)$。E''是$E_{\nu-1}$的一部分，而且由假设，它的基数为$1, 2, 3, \cdots, \nu - 1$之一，但现在$\overline{\overline{E'}} = \overline{\overline{E''}} + 1$，因此$E'$的基数是$2, 3, 4, \cdots, \nu$之一。 □

A的证明： 每个用E_ν表示的集合都具有不与它的任意部分等价的性质。因为，如果假定对某个确定的ν结论为真，由定理D立即可得对它的后继$\nu + 1$也为真。对于$\nu = 1$，我们立即认定集合$E = (e_0, e_1)$不与它的部分（这里是(e_0)和(e_1)）等价。现在考虑序列$1, 2, 3, \cdots$中的任意两个数μ和ν；如果μ在ν之前，则$E_{\mu-1}$是$E_{\nu-1}$的部分，于是$E_{\mu-1}$和$E_{\nu-1}$不等价，从而它们的基数$\mu = \overline{\overline{E_{\mu-1}}}$和$\nu = \overline{\overline{E_{\nu-1}}}$也不相等。 □

B的证明： 如果有两个有穷基数μ和ν使得μ在ν之前，则$\mu < \nu$。因为对于这样两个集合$M = E_{\mu-1}$和$N = E_{\nu-1}$，§2中关于$\overline{M} < \overline{N}$的两个条件都满足。条件($a$)之所以满足，是因为由定理$E$，$M = E_{\mu-1}$的部分的基数，只能是$1, 2, 3, \cdots, \mu - 1$之一，因此由定理$A$它不可能与集合$N = E_{\nu-1}$等价。条件($b$)满足则是因为$M$自身是$N$的部分。 □

C的证明： 令$\mathfrak{a}$是一个小于$\nu + 1$的基数，由§2条件(b)，存在E_ν的一个部分具有基数$\mathfrak{a}$，由定理E，E_ν的部分的基数只能是$1, 2, 3, \cdots, \nu$之一，即$\mathfrak{a}$与这其中之一相等。由定理B，它们中任意一个都不大于ν。因此不存在小于$\nu + 1$且大于ν的基数$\mathfrak{a}$。 □

对于所得结果具有重要意义的是如下定理:

F. 如果K是任意一个由不同的有穷基数构成的集合,则其中存在某个κ_1,它小于其他数,因此是所有数中最小的。

证明: 集合K或者包含数1,这时$\kappa_1 = 1$当然是最小数;或者不包含,这时令J是序列$1, 2, 3, \cdots$中比K中出现的所有数都小的那些数组成的集合,如果数ν属于J,则所有小于ν的数也属于J。但J中必定有一个数ν_1,使得$\nu_1 + 1$及后面所有更大的数不属于J,因为否则J将包含所有的有穷数,然而属于K的数就不在J中。因此J是截段($Abschnitt$)$(1, 2, 3, \cdots, \nu_1)$。数$\nu_1 + 1 = \kappa_1$就是K的一个元素且是最小元素。　　　　　　□

由F可得:

G. 每个有穷基数的集合$K = \{\kappa\}$可排成一个序列的形式

$$K = (\kappa_1, \kappa_2, \kappa_3, \cdots,)$$

使得$\kappa_1 < \kappa_2 < \kappa_3, \cdots$。　　　　　　　　　　　□

§6　最小的超穷基数阿列夫零

具有有穷基数的集合称为"有穷集",所有其他的集合称为"超穷集",它们的基数称为"超穷基数"。

第一个超穷集合的序列是全体有穷基数ν的集合;我们称它的基数(§1)为"阿列夫零",而且用$\aleph_0$表示;于是我们定义

$$(1) \qquad\qquad\qquad \aleph_0 = \overline{\overline{\{\nu\}}}.$$

这个$\aleph_0$是一个**超穷**基数,即它不与任意有穷数μ相等,这一点可以从下面简单的事实得出,如果对集合$\{\nu\}$添加一个新元素e_0,并集$(\{\nu\}, e_0)$等价于初始集。因为我们可以想象它们之间的互逆单值对应: 第一个集合的元素e_0对应于第二个集合的元素1,而第一个集合的元素ν对应于第二个集合的元素$\nu + 1$。这样由§3,有

$$(2) \qquad \aleph_0 + 1 = \aleph_0。$$

但在§5中我们指出过,$\mu + 1$总是不同于μ的,因而$\aleph_0$不等于任意有穷数μ。

数$\aleph_0$大于任意有穷数μ:

$$(3) \qquad \aleph_0 > \mu。$$

如果我们注意到§3, 这一点可由以下三个事实得出: $\mu = \overline{\overline{(1, 2, 3, \cdots, \mu)}}$, 集合$(1, 2, 3, \cdots, \mu)$中没有一个部分与集合$\{\nu\}$等价, 而且$(1, 2, 3, \cdots, \mu)$是$\{\nu\}$的一个部分。

另一方面, $\aleph_0$是最小的超穷基数。即如果a是任意一个不同于$\aleph_0$的超穷基数,则

$$(4) \qquad \aleph_0 < a。$$

这依赖于如下定理:

A. 每个超穷集合T都有基数为$\aleph_0$的部分。

证明: 如果我们以任意方式从T中去掉有穷个元素$t_1, t_2, t_3, \cdots, t_{\nu-1}$, 这时总有可能从所余元素中再去掉$t_\nu$。

如果 ν 表示任意有穷数，则集合 $\{t_\nu\}$ 就是 T 中基数为 $\aleph_0$ 的部分，因为 $\{t_\nu\} \sim \{\nu\}$（§1）。 □

B. 如果 S 是一个基数为 $\aleph_0$ 的集合，而 S_1 是 S 的任意一个超穷部分，则 $\overline{\overline{S_1}} = \aleph_0$。

证明： 我们已经假定 $S \sim \{\nu\}$，选择这两个集合之间的一个确定的对应法则，以 s_ν 表示 S 中与 $\{\nu\}$ 中元素 ν 对应的那个元素，使得

$$S = \{s_\nu\}。$$

S 的部分 S_1 由 S 中某些元素 s_κ 构成，而且所有数 κ 构成集合 $\{\nu\}$ 的一个超穷部分 K。由 §5 定理 G，K 可以表示成序列

$$K = \{\kappa_\nu\}$$

的形式，其中

$$\kappa_\nu < \kappa_{\nu+1}。$$

结果我们有

$$S_1 = \{s_{\kappa_\nu}\}。$$

于是得到 $S_1 \sim S$，从而 $\overline{\overline{S_1}} = \aleph_0$。 □

如果我们注意到 §2，由 A 和 B 可得公式(4)。

对于(2)两边加1，我们有

$$\aleph_0 + 2 = \aleph_0 + 1 = \aleph_0。$$

重复这一运算，我们有

(5) $$\aleph_0 + \nu = \aleph_0$$

和

(6) $$\aleph_0 + \aleph_0 = \aleph_0。$$

因为由§ 3 (1)，$\aleph_0 + \aleph_0$ 是基数 $\overline{\overline{(\{a_\nu\}, \{b_\nu\})}}$，这是因为

$$\overline{\overline{\{a_\nu\}}} = \overline{\overline{\{b_\nu\}}} = \aleph_0。$$

显然，现在有

$$\{\nu\} = (\{2\nu - 1\}, \{2\nu\}),$$

$$(\{2\nu - 1\}, \{2\nu\}) \sim (\{a_\nu\}, \{b_\nu\}),$$

因此

$$\overline{\overline{(\{a_\nu\}, \{b_\nu\})}} = \overline{\overline{\{\nu\}}} = \aleph_0。$$

等式(6)也可写成

$$\aleph_0 \cdot 2 = \aleph_0;$$

两边反复加 $\aleph_0$，可以看出

(7) $$\aleph_0 \cdot \nu = \nu \cdot \aleph_0 = \aleph_0。$$

我们还有

(8) $$\aleph_0 \cdot \aleph_0 = \aleph_0。$$

证明：　由§3 (6)，$\aleph_0 \cdot \aleph_0$是有序元偶集

$$\{(\mu, \nu)\}$$

的基数，其中μ和ν是任意两个彼此无关联的有穷基数。如果λ也表示任意有穷的基数，那么$\{\lambda\}$、$\{\mu\}$和$\{\nu\}$对于全体有穷数组成的同一集合而言只是不同的记法，我们须指出

$$\{(\mu, \nu)\} \sim \{\lambda\}。$$

让我们用ρ表示$\mu + \nu$；则ρ取$2, 3, 4, \cdots$中所有数值，而且有$\rho - 1$个元素(μ, ν)，使得$\mu + \nu = \rho$，即

$$(1, \rho - 1), \ (2, \rho - 2), \ \cdots, \ (\rho - 1, 1)$$

在这个序列中，首先想象排出元素$(1, 1)$，这时$\rho = 2$，然后再排出对应于$\rho = 3$的两个元素，$\rho = 4$的三个元素，如此下去，于是我们得到所有的(μ, ν)，他们排成一个序列

$$(1, 1); \ (1, 2); \ (2, 1); \ (1, 3); \ (2, 2); \ (3, 1); \ (1, 4); \ (2, 3); \ \cdots$$

正如很容易看出的，排在第λ个位置上的元素是(μ, ν)，其中

$$(9) \qquad\qquad \lambda = \mu + \frac{(\mu + \nu - 1)(\mu + \nu - 2)}{2}。$$

变量 λ 可取 $1, 2, 3, \cdots$ 中每个数值一次。结果通过 (9)，$\{\nu\}$ 和 $\{(\mu, \nu)\}$ 之间就建立了互逆单值对应。　　　　　　　　　　□

如果等式(8)的两边同乘$\aleph_0$，我们有$\aleph_0^3 = \aleph_0^2 = \aleph_0$，反复乘$\aleph_0$，对任何有穷基数$\nu$，成立等式

$$(10) \qquad\qquad\qquad \aleph_0^\nu = \aleph_0。$$

从§5的定理E和A可导出如下关于有穷集合的定理：

C. 每个有穷集合E是不与它的任意部分等价的集合。 □

这一定理显然与下面关于超穷集合的定理截然相反：

D. 每个超穷集合T都有一个与它等价的部分T_1。

证明： 由本节定理A，存在T的一个以$\aleph_0$为基数的部分$S = \{t_\nu\}$。令$T = (S, U)$，U是由T中那些不同于t_ν的元素组成的集合。我们记$S_1 = \{t_{\nu+1}\}$，$T_1 = (S_1, U)$；则T_1是T的部分，并且事实上，T_1正是由单独省去t_1而得的集合。由于从定理B可得$S \sim S_1$，而且由于$U \sim U$，再由§1，我们有$T \sim T_1$。 □

定理C和D清晰地揭示了有穷集和超穷集之间的基本区别。对此，我在1877年就讨论过。（参见《克莱尔杂志》1878，第八十四卷，第242页）。

引进最小超穷基数$\aleph_0$并导出关于它的最易掌握的一些性质之后，剩下的是更大的基数及它们如何从$\aleph_0$生成的问题。我们将指出，超穷基数可依照它们的大小排成一个"良序集"（在这个词推广了的意义下）。从$\aleph_0$出发，通过一种确定的法则可生成下一个更大的基数$\aleph_1$，通过这个法则还可生成它之后更大的基数$\aleph_2$，如此等等，但是，即使基数的无穷序列

$$\aleph_0, \aleph_1, \aleph_2, \cdots, \aleph_\nu, \cdots$$

也没有穷尽基数概念。我们将证明，存在用$\aleph_\omega$表示的基数，它是紧跟在所有$\aleph_\nu$之后大于它们的更大的基数；如同$\aleph_0$生成$\aleph_1$一样，$\aleph_\omega$还可生成更大的$\aleph_{\omega+1}$，如此下去，永无止境。

对于每个超穷基数 a，都按照唯一的法则存在一个由它产生的后继基数，而且对每个超穷基数的无限上升良序集 $\{a\}$，都以唯一的法则存在一个由此集合产生的大于这个集合中所有基数的后继基数。

1882 年我找到了这一问题的严格基础，即我们称之为"序型"的概念，并且发表在小册子《一般集合论基础》（莱比锡，1883 年）和《数学年鉴》第二十一卷上。这一理论我们将在下一节中阐明。

§7　全序集的序型

我们称一个集合 M 为"全序集"，如果有一个确定的"先后次序"（*Rangordung*）制约着它的元素 m，使得每两个元素 m_1 和 m_2，一个取"低位"，另一个取"高位"，并且对于三个元素 m_1, m_2 和 m_3，m_1 低于 m_2，m_2 低于 m_3，则 m_1 低于 m_3。

如果在给定的先后次序下，元素 m_1 处在低位，m_2 处在高位，则用公式

$$(1) \qquad\qquad m_1 \prec m_2, \text{或 } m_2 \succ m_1$$

表示。例如，（规定了原点和正方向的）直线上定义的每个点集 P 都是全序集，如果点 P_1, P_2 属于 P，则坐标较小的点出于低位。

显然，同一集合可以依照很多不同的法则"全序化"。例如，对所有大于 0 小于 1 的正有理数 $\frac{p}{q}$（p, q 是互素整数）的集合 R，首先可以按其"自然的"大小次序排列，其次可按如下次序排列

（我们用R_0表示在这种次序下的这个集合）：对于两个数$\frac{p_1}{q_1}$和$\frac{p_2}{q_2}$，由于$p_1 + q_1$和$p_2 + q_2$可能具有不同的值，先将其和较小的排在低位。然后如果$p_1 + q_1 = p_2 + q_2$，则将两个有理数中较小的排在低位。按照这个先后次序，由于对$p + q$的同一个值，只有有穷个有理数对应，显然该集合具有如下形式

$$R_0 = (r_1, r_2, \cdots, r_\nu, \cdots) = \left(\frac{1}{2}, \frac{1}{3}, \frac{1}{4}, \frac{2}{3}, \frac{1}{5}, \frac{1}{6}, \frac{2}{5}, \frac{3}{4}, \cdots\right),$$

其中

$$r_\nu \prec r_{\nu+1}。$$

这样，当我们谈及一个"全序集"M时，我们总想象在它的元素之间已经确定了一种在上述意义下确定的次序。

存在双重、三重、ν重以及α重序集，现在我们暂不考虑它们，因此"序集"一词只用来表示"全序集"。

每个序集M都有一个确定的"序型"，或简称"型"，记作

(2) $$\overline{M}。$$

这是通过M抽去元素的具体性质而保留其相互次序特性得到的一般概念。因此序型$\overline{M}$本身也是一个序集，它是由M抽象得到的，其元素是一些单元(units)，并且这些单元的序关系与其在M中对应元素的序关系是相一致的。如果两个序集M和N之间能以如下方式建立一一对应关系，即如果m_1, m_2是M中任意两个元素，n_1, n_2是集合N的两个对应元素，则在M中m_1相对于m_2的次序关系与在N中n_1相对于n_2的关系相同，这时称M和N是"相似的"(ähnlich)。相似集合之间的这种对应称为一个集合到另一

个集合的"映射"（*Abbildung*）。按照这样一种映射，M 的每个部分 M_1（也作为一个序集）都对应于 N 的一个相似部分 N_1。

我们用公式

(3) $$M \simeq N$$

表示 M 和 N 两个序集相似。

每个序集都与它自身相似。

如果两个序集与第三个序集相似，则它们彼此相似。

简单的考察表明，两个序集有相同的序型当且仅当它们是相似的。因此公式

(4) $$\overline{M} = \overline{N} \text{ 和 } M \simeq N$$

可互相推导。

对于序型 $\overline{M}$，如果我们再抽去元素的次序特性，就得到（§1）序集 M 的基数 $\overline{\overline{M}}$，同时它又是序型 $\overline{M}$ 的基数，从 $\overline{M} = \overline{N}$ 总可以得出 $\overline{\overline{M}} = \overline{\overline{N}}$，即序型相等的序集总有相同的势或基数；即从序集的相似性可得它们的等价性，但另一方面，等价的集合却未必相似。

我们使用小写希腊字母表示序型，如果 α 是一个序型，我们用

(5) $$\overline{\alpha}$$

表示 α 所对应的基数。

有穷序集的序型不会引起人们特殊的兴趣，因为我们很容易断定，具有同一个有穷基数 ν 的所有全序集都是彼此相似的，因

而他们具有同一个序型。因此，有穷全序集的序型与有穷基数服从相同的法则，从而我们可以用相同的符号$1, 2, 3 \cdots, \nu, \cdots$表示它们，尽管它们在概念上是不同的。超穷序型的情形则完全不同；因为对于同一个超穷基数，它可能为不可数多个具有不同序型的全序集所共有，这些序集构成一个特殊的"型类"（*Typenclasse*）。因此，每个这样的型类都由一个超穷基数$\mathfrak{a}$确定，这个类中的每个序型都有同一个基数$\mathfrak{a}$。于是我们简称型类$[\mathfrak{a}]$。首先引起我们兴趣的型类自然是$[\aleph_0]$，这个型类包括具有最小超穷基数$\aleph_0$的所有的序型，对于它的彻底的研究必然是超穷集合论下一个专门课题。我们必须区分**确定型类**$[\mathfrak{a}]$的基数$\mathfrak{a}$和由型类$[\mathfrak{a}]$**确定**的基数$\mathfrak{a}'$，$\mathfrak{a}'$是$[\mathfrak{a}]$的基数，$[\mathfrak{a}]$是以所有基数为$\mathfrak{a}$的序型α为元素构成的一个良定义集。我们将看到，$\mathfrak{a}'$不同于$\mathfrak{a}$，而且实际上总大于$\mathfrak{a}$。

如果在一个序集M中将元素的所有次序都颠倒过来，使得所有"较低的"变成"较高的"，"较高的"变成"较低的"，我们将得到一个序集，用

$$^*M$$

表示，称为M的"逆"。如果$\alpha = \overline{M}$，那么用

$$^*\alpha$$

表示$^*M$的序型。可能会出现$^*\alpha = \alpha$的情形，例如所有有穷序型的情形，或全体大于0小于1的有理数按其自然次序构成的序集中的情形就是这样。我们将使用记号η来记这后一个序型。

另外我们还注意到，两个相似的序集可以按照一种或多种方式彼此映射；在上述第一种情形下该序型仅能以一种方式与自身相似，在第二种情形下则可以多种方式相似。不仅所有的有穷序型，而且我们后面要着重讨论并称之为超穷"序数"的超穷"良序集"的序型都只允许以一种方式映射到它们自身。而另一方面，序型η则以无穷多种方式与它自身相似。

我们以如下两个简单实例更清楚地说明这个不同之点，例如，我们把ω理解为良序集

$$(e_1, e_2, \cdots, e_\nu, \cdots)$$

的序型，其中

$$e_\nu \prec e_{\nu+1},$$

而ν依次表示所有有穷基数。另一个满足条件

$$f_\nu \prec f_{\nu+1}$$

的相同序型ω的良序集

$$(f_1, f_2, \cdots, f_\nu, \cdots)$$

显然只能以一种方式，即e_ν和f_ν为对应元素的方式映射到前一个良序集上。因为，在映射中，对于第一个集合中最低位的元素e_1必须由第二个集合的最低位元素f_1与之对应，e_1的次低位元素e_2由f_1的次低位元素f_2对应，如此等等。$\{e_\nu\}$和$\{f_\nu\}$这两个等价集合之间其他的一一对应都不是在上述意义下的"映射"。

另一方面，让我们选取一个形如

$$\{e_\nu\}$$

的序集，ν 表示所有的正、负有穷整数，包括0，且

$$e_\nu \prec e_{\nu+1},$$

这个集合没有最低位和最高位元素，它的序型按照§8中和的定义
是

$$^*\omega + \omega。$$

它能以无穷多种方式与自身相似。如果我们再考虑有同一序型的
另一个集合

$$\{f_{\nu'}\}$$

其中

$$f_{\nu'} \prec f_{\nu'+1}。$$

那么这两个序集可以如下方式彼此映射，即如果用 ν_0' 表示 ν' 中某
个确定的数，对于第一个集合的元素 e_ν，使第二个集合中的元素
$f_{\nu_0'+\nu_0}$ 与之对应，由于 ν_0' 是任意的，我们得到了无穷多种映射。

当以类似的方式移植到"多重序集"的情形时，考虑到§1中
关于"基数"或"势"的讨论，由于这里发展起来的"序型"概
念，包括了所有可以想象的可以计数（*Anzahlmassige*）的对象，
从而在这个意义上，它已不再可能有任意推广了。它只是数概念
的自然扩充，不包含任何随意性。值得特别强调的是，(4)式中给
出的关于相等的判别标准是序型概念的绝对必然的结果，因而不

允许有任何改变。韦罗内塞（G. Veronese）在《集合基础》（德文版，舍普（A. Schepp），莱比锡，1894）中产生严重错误的主要根源就是没认识到这一点。

在这本书的30页上，"一个有序组的数"（*Anzahl order Zahl*）的定义正是我们给出的"一个全序集的序型"的定义。（《关于超穷数理论》，哈雷，1890，第68-75页；转载自1887年的《哲学和哲学批判》）但是韦罗内塞认为，对于相等的判别标准必须再附加一点东西。他在第31页上说："这样一些数是相等的，它们的单元彼此唯一地对应，而且在相同的次序下，其中一个不是另一个的部分，也不等于另一个的部分。"*这个相等的定义中包含了一种循环，因而是无意义的。因为在这个附注中，"不等于另一个的部分"是什么意思？为了回答这个问题，我们必须首先知道什么时候两个数相等或不相等。因此，除了关于相等的定义中的任意性外，事先还必须假定已有相等的定义，即必须事先知道什么是相等和不相等，以至**无限循环下去**。如此说来，既然韦罗内塞不顾在数的比较过程中必不可少的逻辑基础，我们就不必对他后来在引入伪超穷数中起作用的那些不合法成分感到奇怪了，这种不合法性还使他把那些数根本不具有的一些性质强加于它们，因为他自己幻想中的那些东西仅仅存在于纸面上。也因此，就不难理解他的"数"和方登奈尔的《无穷的几何》（巴黎，1727）中的非常荒谬的"无穷数"的惊人的相似了。最近，基林（W.

---

* 在最初的意大利文版（第27页）中，这一段话为："Numeri le unità dei quali si corrispondono univocamente e nel medesimo ordine, e di cui l' uno non è parte o uguale ad una parte dell' altro, sono uguali"。

Killing）已经在穆恩斯特学术出版社（Münster Academy）1895-1896版的《译文索引》（*Index Lectionum*）中对涉及韦罗内塞的著作的基础问题的怀疑做了值得欢迎的表述。*

§8 序型的加法和乘法

如果 M 和 N 是两个有序集，则可以把并集 (M, N) 看作一个序集，其中保留 M 和 N 中元素的次序，同时 M 中所有元素都排在 N 中元素之前。如果 M' 和 N' 是另外两个有序集，并且 $M \simeq M'$，$N \simeq N'$，则 $(M, N) \simeq (M', N')$。所以 (M, N) 的序型仅仅依赖于序型 $\overline{M} = \alpha$，$\overline{N} = \beta$。于是我们定义

$$(1) \qquad \alpha + \beta = \overline{(M, N)}。$$

在 $\alpha + \beta$ 中，α 称为"被加数"，β 称为"加数"。

对任意三个序型，不难证明结合律：

$$(2) \qquad \alpha + (\beta + \gamma) = (\alpha + \beta) + \gamma$$

成立。另一方面，一般来讲对序型的加法，交换律不成立，我们可从如下的简单例子看出这点。

如果 ω 是 §7 中提及的良序集

$$E = (e_1, e_2, \cdots, e_\nu, \cdots), \quad e_\nu \prec e_{\nu+1}$$

---

* 韦罗内塞在《数学年鉴》第四十七卷，1897，第423-432页上回答了这一问题，参见基林，同上书（即《数学年鉴》第四十七卷，1897，第425-432页）。

的序型，则$1 + \omega$不等于$\omega + 1$，因为如果f是一个新的元素，由(1)有

$$1 + \omega = \overline{(f, E)},$$
$$\omega + 1 = \overline{(E, f)}_{\circ}$$

但集合

$$(f, E) = (f, e_1, e_2, \cdots, e_\nu, \cdots)$$

相似于集合E，因而

$$1 + \omega = \omega_{\circ}$$

相反，集合E和(E, f)不相似，因为第一个中没有最高位元，而第二个中有最高位元f，所以$\omega + 1$不等于$\omega = 1 + \omega$。

从两个具有序型α和β的序集M和N中我们可以通过将N中每个元素n替换为一个序集M_n，它与M有相同的序型：

(3) $$\overline{M_n} = \alpha;$$

来构造一个序集S，对于

(4) $$S = \{M_n\}$$

中的次序我们规定如下：

(1)任意两个属于同一个集合M_n的元素在S中保留它们在M_n中的次序。

(2)属于两个不同集合M_{n_1}和M_{n_2}中的任意两个元素在S中的次序与n_1, n_2在N中次序相同。

正如很容易看到的，S 的序型仅仅依赖于序型 α 和 β；我们定义

(5)
$$\alpha \cdot \beta = \overline{S}。$$

在这个乘积中，α 称为"被乘数"，β 称为"乘数"。

按照任意确定的从 M 到 M_n 的映射，令 m_n 是 M_n 中与 M 中的元素 m 相对应的元素，则我们也可以写成

(6)
$$S = \{m_n\}。$$

考虑第三个具有序型 $\overline{P} = \gamma$ 的序集 $P = \{p\}$，则由(5)，

$$
\begin{aligned}
\alpha \cdot \beta &= \overline{\{m_n\}},\\
\beta \cdot \gamma &= \overline{\{n_p\}},\\
(\alpha \cdot \beta) \cdot \gamma &= \overline{\{(m_n)_p\}},\\
\alpha \cdot (\beta \cdot \gamma) &= \overline{\{m_{(n_p)}\}}。
\end{aligned}
$$

但是序集 $\{(m_n)_p\}$ 和 $\{m_{(n_p)}\}$ 是相似的，而且如果我们将 $(m_n)_p$ 和 $m_{(n_p)}$ 看作对应元素，这两个集合是彼此映射的。因而对个三个序型 α，β 和 γ，结合律成立：

(7)
$$(\alpha \cdot \beta) \cdot \gamma = \alpha \cdot (\beta \cdot \gamma)。$$

由(1)和(5)很容易得到分配律：

(8)
$$\alpha \cdot (\beta + \gamma) = \alpha \cdot \beta + \alpha \cdot \gamma;$$

不过这只在 $\beta + \gamma$ 是乘数的情形下成立。

相反，序型的乘法正像加法一样，一般不满足交换律。例如 $2\cdot\omega$ 和 $\omega\cdot2$ 是不同的序型；因为由(5)

$$2\cdot\omega = \overline{(e_1,f_1;e_2,f_2;\cdots;e_v,f_v;\cdots)} = \omega;$$

而

$$\omega\cdot2 = \overline{(e_1,e_2,\cdots,e_v,\cdots;f_1,f_2,\cdots,f_v,\cdots)}$$

显然不同于 ω。

如果我们将这里给出的关于序型的基本运算的定义与§3中给出的关于基数的基本运算的定义进行比较，很容易看到，两个序型和的基数等于这两个序型基数的和，两个序型乘积的基数等于这两个个序型基数的乘积，因此当我们用基数代替所有的序数时，则在序型之间由两种基本运算形成的一切等式对基数也同样成立。

§9　全体大于0小于1的有理数构成的集合R，依其自然的先后

次序所具有的序型η

正如在§7中那样，我们把R理解为所有大于0 小于1的有理数 $\frac{p}{q}$（p,q 互素）依照自然的先后次序，即用大小确定次序所形成的关系。我们用 η 表示R的序型

(1) $$\eta = \overline{R}.$$

但是我们曾对这同一个集合给出过另一种次序，并称之为 R_0，即首先按 $p+q$ 的大小确定次序，然后对于 $p+q$ 有相同的值的有理

数再依 $\frac{p}{q}$ 的大小来确定次序，这个集合 R_0 是具有序型 ω 的一个良序集。

(2) $$R_0 = (r_1, r_2, \cdots, r_\nu), \quad r_\nu \prec r_{\nu+1},$$

(3) $$\overline{R_0} = \omega。$$

R 和 R_0 具有相同的基数，因为它们只在元素的先后次序上不同，而且由于我们显然有

(4) $$\overline{\overline{R}} = \overline{\eta} = \aleph_0。$$

因此序型 η 属于型类 $[\aleph_0]$。

其次，我们注意到，在 R 中既不存在最高位的元素，也不存在最低位的元素。第三，R 具有这样一种性质，即每两个元素之间还有另一个元素，我们用 R 是"处处稠密的（*überalldicht*）"这一词组表达这一性质。

现在我们指出，这三个性质刻画了 R 的序型 η，因此我们有如下定理：

如果全序集 M 满足

(*a*) $\overline{\overline{M}} = \aleph_0$；

(*b*) M 中既无最高位的元素也无最低位的元素；

(*c*) M 是处处稠密的；

则 M 的序型是 η：

$$\overline{M} = \eta。$$

证明： 由条件(a)，M可以排成序型为ω的一个良序集；我们用M_0表示它，并记

(5) $$M_0 = (m_1, m_2, \cdots, m_\nu, \cdots)。$$

现在我们必须证明

(6) $$M \simeq R;$$

即需要证明M可以如下方式映射到R上：M中任意两个元素的相互次序与它们在R中对应元素的次序相同。

令R中的元素r_1对应于M中的元素m_1。元素r_2相对于r_1在R中有一个确定的次序。由条件(b)，在M中存在无穷多个元素m_ν，它相对于m_1的次序与r_2相对于r_1在R中的次序相同，我们在M_0中选择具有最小指标的那个元素记为m_{l_2}，把它与r_2对应起来，元素r_3在R中与r_1, r_2有一确定的相互次序，由条件(b)和(c)，在M中存在无穷多个元素m_ν，它相对于m_1和m_2的次序关系与r_3在R中相对于r_1和r_2的次序关系相同。我们在M_0中选择具有最小指标的这样的m_ν，记为m_{l_3}，并且让它和r_3对应。按照这一法则，我们设想这一对应过程继续下去。如果对于R中ν个元素

$$r_1, r_2, r_3, \cdots, r_\nu$$

已对应了确定的元素

$$m_1, m_{l_2}, m_{l_3}, \cdots, m_{l_\nu},$$

并且它们在M中的次序关系与对应元素在R中的次序关系相同，那么，R中的元素$r_{\nu+1}$，就与M中那个在M_0中具有最小指标的元

素 $m_{l_{\nu+1}}$ 相对应，并且它在 M 中相对于

$$m_1, m_{l_2}, m_{l_3}, \cdots, m_{l_\nu},$$

的次序关系与 $r_{\nu+1}$ 相对于 $r_1, r_2, \cdots, r_\nu$ 的次序关系相同。

这样，我们就将 M 中确定的元素 m_{l_ν} 与 R 中的所有元素 r_ν 对应起来，而且元素 m_{l_ν} 在 M 中的次序关系与对应元素在 R 中的次序关系相同。但是我们还须指出，元素 m_{l_ν}，包括了 M 中所有的元素 m_ν，或者说，序列

$$1, l_1, l_2, \cdots, l_\nu, \cdots$$

不过是序列

$$1, 2, 3, \cdots, \nu, \cdots$$

的一个置换。我们用完全归纳法来证明这一点，即指出，如果映射中已经有元素 $m_1, m_2, \cdots, m_\nu$，则后继元素 $m_{\nu+1}$ 也如此。

令 λ 足够大，使得在元素

$$m_1, m_{l_2}, m_{l_3}, \cdots, m_{l_\lambda}$$

中，按照假定包含了已经在映射中的元素

$$m_1, m_2, \cdots, m_\nu。$$

λ 也可能大到使那些元素中包含 $m_{\nu+1}$，于是 $m_{\nu+1}$ 也是映射中的元素，但是如果 $m_{\nu+1}$ 不是

$$m_1, m_{l_2}, m_{l_3}, \cdots, m_{l_\lambda}$$

中的元素，则它相对于这些元素在 M 中有一个确定的次序，而且在 R 中有无穷多个元素相对于 $r_1, r_2, \cdots, r_\lambda$ 有这样的次序，其中令 $r_{\lambda+\sigma}$ 是在 R_0 中具有最小指标的那个元素，则正如我们很容易证实的，$m_{\nu+1}$ 在 M 中相对于

$$m_1, m_{l_2}, m_{l_3}, \cdots, m_{l_{\lambda+\sigma-1}}$$

同 $r_{\lambda+\sigma}$ 在 R 中相对于

$$r_1, r_{l_2}, \cdots, r_{\lambda+\sigma-1}$$

有 相 同 的 次 序。 因 为 $m_1, m_2, \cdots, m_\nu$ 已 经 是 映 射 中 的 元 素，$m_{\nu+1}$ 就是 M 中相对于

$$m_1, m_{l_2}, m_{l_3}, \cdots, m_{l_{\lambda+\sigma-1}}$$

在这种次序下排列的那些元素中指标最小的一个。因此，按照我们对应的规则，有

$$m_{l_{\lambda+\sigma}} = m_{\nu+1}。$$

于是，在这种情况下，元素 $m_{\nu+1}$ 也在映射中，而 $r_{\lambda+\sigma}$ 是 R 中与它对应的元素。

从而，按照我们对应的方式，**整个集合**（*whole aggregate*）M 映射到了**整个集合** R 上；也就证明了 M 和 R 是相似集合。   □

由刚刚证明的结果，例如可得如下定理：

所有正负有理数，包括零所构成的集合，依照自然次序，其序型为 η。   □

所有大于a小于b的有理数的集合，依照自然次序，其序型为η，其中a和b是任意实数，且$a < b$。 □

所有实代数数的集合，依照自然顺序，其序型为η。 □

所有大于a小于b的实代数数的集合，依照自然次序，其序型为η，其中a和b是任意实数，且$a < b$。 □

因为所有这些序集都满足我们的定理中对于M所要求的三个条件（见克莱尔的《杂志》(Crelle's Journal)，第七十七卷，第258页）。*

如果进一步考虑这样一些序集，它们按照§8的定义具有序型$\eta + \eta, \eta\eta, (1 + \eta)\eta, (\eta + 1)\eta, (1 + \eta + 1)\eta$。我们会发现它们也满足这三个条件。因此我们有定理

(7) $$\eta + \eta = \eta;$$

(8) $$\eta\eta = \eta;$$

(9) $$(1 + \eta)\eta = \eta;$$

(10) $$(\eta + 1)\eta = \eta;$$

(11) $$(1 + \eta + 1)\eta = \eta.$$

---

* 参见引言V。

对每个有穷数ν，反复应用(7)和(8)，有

$$(12) \qquad\qquad \eta \cdot \nu = \eta,$$

$$(13) \qquad\qquad \eta^{\nu} = \eta。$$

另一方面，不难看出，对于$\nu > 1$，序型$1 + \eta, \eta + 1, \nu \cdot \eta, 1 + \eta + 1$彼此不同，也不同于$\eta$。我们有

$$(14) \qquad\qquad \eta + 1 + \eta = \eta,$$

但对于$\nu > 1$，$\eta + \nu + \eta$是与η不同的。

最后值得强调的是

$$(15) \qquad\qquad {}^{*}\eta = \eta。$$

§10　超穷序集中的基本序列

让我们考虑任意一个超穷全序集M，M的每个部分自身也是一个序集。M中具有序型ω和${}^{*}\omega$的那些部分对于序型$\overline{M}$的研究似乎有着特殊的价值，我们称它们为"M中的第一级基本序列"，具有序型ω的基本序列称为"递增序列"，具有序型${}^{*}\omega$的为"递减序列"。由于我们在这里只限于考虑第一级基本序列（后面还将讨论较高级的基本序列），因此简称为"基本序列"。于是，一个"递增基本序列"形如

$$(1) \qquad\qquad \{a_{\nu}\}, \quad \text{其中} a_{\nu} \prec a_{\nu+1};$$

一个"递减基本序列"则形如

$$(2) \qquad\qquad \{b_{\nu}\}, \quad \text{其中} b_{\nu} \succ b_{\nu+1}。$$

在我们的一切讨论中，字母 ν, κ, λ 和 μ 总代表有穷基数或有穷序型。

考虑 M 中的两个递增基本序列 $\{a_\nu\}$ 和 $\{a_\nu{}'\}$，如果对于 $\{a_\nu\}$ 中每个元素 a_ν，都存在 $\{a_\nu{}'\}$ 中的元素 $a_\lambda{}'$，使得

$$a_\nu \prec a_\lambda{}',$$

同时对于每个 $a_\nu{}'$，存在元素 a_μ，使得

$$a_\nu{}' \prec a_\mu,$$

则我们称这两个递增基本序列 $\{a_\nu\}$ 和 $\{a_\nu{}'\}$ 是"相伴的"（*zusammengehörig*），表示为

(3) $$\{a_\nu\} \parallel \{a_\nu{}'\}。$$

如果 M 中两个递减基本序列 $\{b_\nu\}$ 和 $\{b_\nu{}'\}$，对于每个 $\{b_\nu\}$，都存在 $b_\lambda{}'$，使得

$$b_\nu \succ b_\lambda{}',$$

同时对于每个 $b_\nu{}'$，存在元素 b_μ，使得

$$b_\nu{}' \succ b_\mu,$$

则称 $\{b_\nu\}$ 和 $\{b_\nu{}'\}$ 是"相伴的"，表示为

(4) $$\{b_\nu\} \parallel \{b_\nu{}'\}。$$

如果一个递增基本序列 $\{a_\nu\}$ 和一个递减基本序列 $\{b_\nu\}$ 满足

(*a*) 对于所有的 ν 和 μ 的值

$$a_\nu \prec b_\mu;$$

(*b*) 在 M 中至多存在一个（因此或者一个或者没有）元素 m_0，使
得对所有的 ν，

$$a_\nu \prec m_0 \prec b_\nu。$$

则我们称这两个基本序列是"相伴的"，表示为

(5) $$\{a_\nu\} \parallel \{b_\nu\}。$$

接下来我们有如下定理：

　　A. 如果两个基本序列与第三个基本序列是相伴的，则它们
彼此是相伴的。　　　　　　　　　　　　　　　　　　　　　　□

　　B. 两个依相同方向形成的基本序列，一个是另一个的部分，
则它们是相伴的。　　　　　　　　　　　　　　　　　　　　　□

　　如果在 M 中有 m_0，使得对于递增基本序列 $\{a_\nu\}$，

(*a*) 对每个 ν

$$a_\nu \prec m_0;$$

(*b*) 对每个 M 位低于 m_0 的元素 m，总存在一个确定的 ν_0，使得对
于 $\nu \geq \nu_0$，有

$$a_\nu \succ m,$$

那我们称 m_0 为 M 中 $\{a_\nu\}$ 的"极限元"（*Grenzelement*），也称为
"M 的一个主元"（*Hauptelement*）。同样，如果下面条件满足，
我们称 m_0 为"M 的主元"，也称 m_0 为 M 中 $\{b_\nu\}$ 的"极限元"：

(*a*) 对每个 ν

$$b_\nu \succ m_0;$$

(*b*) 对每个 M 位高于 m_0 的元素 m，总存在一个确定的 ν_0，使得对于 $\nu \geq \nu_0$，有

$$b_\nu \succ m。$$

一个基本序列在 M 中不可能有多于一个的极限元，但一般来讲，M 可以有多个主元。

我们能够看出如下定理成立：

C. 如果一个基本序列在 M 中有一个极限元，则所有与它相伴的序列在 M 中有相同的极限元。 □

D. 如果两个（以相同或相反方向形成的）基本序列在 M 中具有同一个极限元，则它们是相伴的。 □

如果 M 和 M' 是两个相似集，使得

(6) $$\overline{M} = \overline{M'},$$

则固定这两个集合之间的任意一个映射，很容易看到下面定理成立：

E. M 中每个基本序列都对应于作为对象的 M' 中的一个基本序列，反之亦然；每个递增序列有一个递增序列与之对应，每个递减序列有一个递减序列与之对应；而且 M 中的相伴基本序列有 M' 中作为对象的相伴基本序列与之对应，反之亦然。 □

F. 如果对于M中的一个基本序列在M中存在一个极限元，则对于M'中的一个基本序列在M'中也存在一个极限元，反之亦然；而且这两个极限元在该映射下彼此为象。　□

G. M的主元作为对象对应于M'的主元，反之亦然。　□

如果一个由主元组成的集合，即元素都是主元，则我们称之为"自稠集"（*insichdichte Menge*）。如果对M中的每个基本序列，在M中有一个极限元，我们称M为一个"闭集"（*abgeschlossene*）。一个既是"自稠密的"又是"闭的"的集合，则称为一个"完备集"。如果一个集合具有这三个性质之一，则每个与它相似的集合同样具有该性质。于是这些特性也可以用来描述相应的序型，因而也就存在"自稠密序型"、"闭序型"、"完备序型"及"处处稠密序型"（§9）。

例如，η是一个"自稠密"序型，而且正如我们在§9中指出的，它也是"处处稠密"序型，但不是"闭"序型。序型ω和$^*\omega$没有主元，但$\omega+\nu$和$\nu+^*\omega$都有一个主元，而且是一个"闭"序型。序型$\omega\cdot3$有两个主元，但它不是一个"闭"序型；序型$\omega\cdot3+\nu$有三个主元，而且是"闭"序型。

§11　线性连续统X的序型θ

我们回过头来研究集合$X=\{x\}$，即所有$0\le x\le1$的实数构成的集合，依其自然次序形成的序型，即对任意两个元素x和x'，如果$x<x'$，则

$$x\prec x',$$

我们用

(1) $\overline{X} = \theta$

表示这个序型。

由有理数和无理数理论可知，X 中的每个基本序列 $\{x_\nu\}$ 在 X 中都有一个极限元 x_0，反过来，X 中每个元素 x，也都是 X 中一些相伴基本序列的极限元。因此 X 是一个"完备集"，从而 θ 是一个"完备序型"。

但这些性质并不能充分刻画序型 θ；我们还必须注意 X 具有如下特点：即集合 X 包含我们在 §9 中讨论过的序型为 η 的集合作为它的一个部分。并且任意两个 X 中的元素 x_0 和 x_1 之间都有 R 中的元素。

现在我们指出，这些性质综合起来即可完全刻画线性连续统 X 的序型。即我们有如下定理：

如果一个序集 M 满足

(a) M 是"完备的"，

(b) M 也含有一个基数 $\overline{\overline{S}} = \aleph_0$ 的部分 S，而且 S 与 M 有这样一种关系，即 M 中任意两个元素 m_0 和 m_1 之间都有 S 中其他元素。

则 $\overline{M} = \theta$。

证明： 如果 S 有一个最高位或最低位元，由 (b)，这些元素作为 M 中的元素也同样是最低位或最高位元；我们可以从 M 中去掉它们而不影响 (b) 中描述的 S 与 M 的关系。因此不妨假定 S 没有最高位元和最低位元，由§9，它具有序型η。因为，由于S是M的部分，S中任意两个元素s_0和s_1之间必有s中其他元素。此外，由(b)我们有$\overline{S} = \aleph_0$，因此集合S和R彼此"相似"：

$$S \simeq R。$$

我们固定R到S的任意一种"映射"，它以下述方式给出X到M的一个"映射"：

令X中属于集合R的所有元素，作为象依照已知的R到S的映射，对应于M中属于S的那些元素。如果x_0是X中不属于R的元素，则x_0可看作包含在X中的一个基本序列$\{x_\nu\}$的极限元。而且这个序列可以用R中的一个基本序列$\{r_{\kappa_\nu}\}$代替。作为象，S中有一个基本序列$\{s_{\lambda_\nu}\}$与之对应，它以一个属于M但不属于S的元素m_0（§10中定理F）为极限元。令M中这个元素m_0（由§10中的定理E，C，D，如果基本序列$\{x_\nu\}$和$\{r_{\kappa_\nu}\}$被以x_0为极限元的X中的其他基本序列所代替时，结论不变）为X中x_0的象。反之，对于任意M中不属于S的元素m_0，都有一个完全确定的在X中而不在R中的元素x_0以m_0作为它的象。

以这种方式就建立了X和M之间的一一对应，我们现在必须证明它的确是这两个集合之间的一个"映射"。

当然对于X中属于R的元素和M中属于S的元素来说，这不成问题。让我们将在R中的元素r与X中但不在R中的元素x_0相比较；令M中的对应元素是s和m_0，如果$r < x_0$，则存在一个递增基本序列$\{r_{\kappa_\nu}\}$，它以x_0为极限元，由一个确定的ν_0开始，有

$$r < r_{\kappa_\nu}，对所有\nu \geq \nu_0。$$

$\{r_{\kappa_\nu}\}$ 在 M 中的象是一个递增基本序列 $\{s_{\lambda_\nu}\}$，它以 M 中的 m_0 为极限元，而且（§10）对每个 ν，有 $s_{\lambda_\nu} < m_0$，而对于 $\nu \geq \nu_0$ 有 $s \prec s_{\lambda_\nu}$。于是（§7）有 $s \prec m_0$。

如果 $r > x_0$，我们可得类似结论 $s \succ m_0$。

最后，让我们考虑两个不属于 R 的元素 x_0 和 x_0' 以及 M 中与之对应的元素 m_0 和 m_0'，类似可证，如果 $x_0 < x_0'$，则 $m_0 \prec m_0'$。

于是 X 和 M 相似性的证明完成，从而我们有

$$\overline{M} = \theta。 \qquad \square$$

1895年3月于哈雷

第二部分

§12　良序集

在全序集中，"良序集"占有特殊的地位；它们的"序型"即我们所称的"序数"是确切定义更大基数或势的天然素材，定义更大基数的方法与从全体有穷数 ν（§6）所构成的系出发定义最小超穷基数阿列夫零的方法类似。

我们称一个全序集 F（§7）是"良序的"，如果它的元素 f 从一个最低位元素起，依照下述方式以一种确定的相继次序上升：

I　F 中存在一个排在最低位的元素 f_1。

Ⅱ 如果 F' 是 F 的任意一个部分，而且如果 F 中有一个或多个元素位高于 F' 中所有元素，则 F 中存在一个元素 f'，它在整个 F' 之后，使得在 f' 和 F' 之间没有其他元素。*

特别地，F 中每个单个元素 f 如果不是最高位元，一定有一个确定元素 f' 仅高于它；我们可以从条件 Ⅱ 中令 F' 为一个单个元素得出这点。其次，如果一个由 F 中的相继元素构成的无穷序列，例如

$$e' \prec e'' \prec e''' \prec \cdots \prec e^{(\nu)} \prec e^{(\nu+1)} \cdots 。$$

F 中比所有 $e^{(\nu)}$ 更高位的元素，那么在第二个条件中，把整体 $\{e^{(\nu)}\}$ 看成 F'，则必有一个元素 f'，不仅对所有的 ν 值有

$$f' \succ e^{(\nu)},$$

而且 F 中不存在元素 g，对所有的 ν 值满足如下两条件：

$$g \prec f'$$

和

$$g \succ e^{(\nu)} 。$$

因此，例如，下面三个集合是良序集：

$$(a_1, a_2, \cdots, a_\nu, \cdots)$$

$$(a_1, a_2, \cdots, a_\nu, \cdots, b_1, b_2, \cdots, b_\mu, \cdots)$$

$$(a_1, a_2, \cdots, a_\nu, \cdots, b_1, b_2, \cdots, b_\mu, \cdots c_1, c_2, c_3)$$

---

* 这个"良序集"的定义，除了措词以外与《数学年鉴》第二十一卷第548页上的《一般集合论基础》第4页中引入的定义完全一样。（见引言Ⅶ）

其中

$$a_\nu \prec a_{\nu+1} \prec b_\mu \prec b_{\mu+1} \prec c_1 \prec c_2 \prec c_3 。$$

前两个集合没有最高位元，第三个集合有最高位元c_3；后两个集合中，b_1是所有a_ν的直接后继，第三个集合中c_1是所有a_ν和b_μ的直接后继。

下面我们将引申在§7中给出的符号$\prec$和$\succ$的用法，使它从表示两个元素的次序关系引申到元素组之间的序关系，使得公式

$$M \prec N,$$

$$M \succ N$$

分别表示在某种给定的次序下，集合M中所有元素均位高于和低于集合N中所有元素。

A. 良序集F的每个部分F_1都有一个最低位元。

证明： 如果F的最低位元f_1属于F_1，则它就是F_1的最低位元。否则令F'是F中位置低于F_1中所有元素的全部元素所成之集，这样由于在F'和F_1中间没有F的其他元素，则按照II，仅高于F'的元素f'必定属于F_1，且是它的最低位元。 □

B. 如果F是这样一个全序集，使得F和它的任意一个部分都有最低位元，则F是一个良序集。

证明： 由于F有一个最低位元，所以I满足。令F'是F的部分，使得F中存在一个或多个元素排在F'之后；并令F_1是所有这些元素的全体，而f'是F_1的最低位元，显然f'是紧跟在F'之后的F中的元素，即条件II也满足。因此F是一个良序集。 □

C. 良序集*F*的每个部分*F′*也是良序集。

证明： 由定理*A*，集合*F′*与*F′*的每个部分*F″*一样（因为*F″*也是*F*的部分）有一个最低位元，因此由定理*B*，*F′*是良序集。　　　　　　　　　　　□

D. 每个与良序集*F*相似的集合*G*也是良序集。

证明： 如果*M*是一个有最低位元的集合，则由（§7）相似性概念立即可得，每个与它相似的集合*N*也有一个最低位元，现在我们已知 $G \simeq F$，而且由于*F*是一个良序集，*G*应同它一样有一个最低位元，从而*G*的每个部分也有一个最低位元；因为按照*G*到*F*的某个映射，对于*G′*，*F*中作为象的部分是*F′*，使得

$$G' \simeq F'。$$

但由定理*A*，*F′*有一个最低位元，因而*G′*也有。这样*G*和*G*的每个部分都有最低位元。最后由定理*B*，*G*是一个良序集。　　　□

E. 如果用良序集替换一个良序集*G*中的元素*g*，使得，只要F_g和$F_{g'}$是用来替换*G*中满足 $g \prec g'$ 的元素*g*和*g′*的良序集，总有 $F_g \prec F_{g'}$，那么由所有的集合F_g的元素合并在一起产生的集合*H*也是良序集。

证明： *H*和*H*的每个部分H_1都有最低位元，而且由定理*B*，这一点刻画了*H*作为一个良序集的特性。因为，如果g_1是*G*的最低位元，则F_{g_1}的最低位元同时也是*H*的最低位元。另外，如果我们有一个*H*的部分H_1，它的元素属于某些特定的集合F_g，这

些F_g形成良序集$\{F_g\}$的部分，$\{F_g\}$由所有的F_g组成，它与G相似，如果设F_{g_0}是F_g这个部分的最低位元，则包含在F_{g_0}中的H_1的部分的最低位元同时也是H的最低位元。 □

§13 良序集的截段

如果f是良序集F中任意一个不是最低位元f_1的元素，则我们称F中所有排在f之前的元素所成之集A为F的一个"截段"(*Abschnitt*)，或更完全地称为"由元素f确定的F的截段"。另一方面，F中所有其他元素所成之集R，包括f，称为F的一个"余段"，更完全地称为"由元素f确定的余段"。由§12中的定理C，集合A和R都是良序集，根据§8和§12，我们可以记

$$(1) \qquad\qquad F = (A, R),$$

$$(2) \qquad\qquad R = (f, R')$$

$$(3) \qquad\qquad A \prec R。$$

R'是R的部分，如果R除了f没有其他元素，则跟在最低位f之后的R'只能是空集。

例如，在良序集

$$F = (a_1, a_2, \cdots, a_v, \cdots, b_1, b_2, \cdots, b_\mu, \cdots c_1, c_2, c_3)$$

中截段

$$(a_1, a_2)$$

和相应的余段

$$(a_3, a_4, \cdots, a_v, \cdots, b_1, b_2, \cdots, b_\mu, \cdots c_1, c_2, c_3)$$

由元素a_3确定；截段

$$(a_1, a_2, \cdots, a_\nu, \cdots)$$

和相应的余段

$$(b_1, b_2, \cdots, b_\mu, \cdots c_1, c_2, c_3)$$

由元素b_1确定；而截段

$$(a_1, a_2, \cdots, a_\nu, \cdots, b_1, b_2, \cdots, b_\mu, \cdots c_1)$$

和相应的余段

$$(c_2, c_3)$$

由元素c_2确定。

如果A和A'是F的两个截段，f和f'是确定它们的元素，而且

(4) $$f' \prec f,$$

则A'是A的截段。我们称A'为F的"较小的"截段，A为F"较大的"截段：

(5) $$A' < A。$$

相应地我们可以说F的每个截段A是"小于"F自身的：

$$A < F。$$

A. 如果两个相似良序集F和G彼此映射，则对应于F的每个截段A都有G的一个相似截段B，同时对应于G的每个截段B也都有F的一个相似截段A，而确定相似截段A和B的F和G中的元素f和g也在这个映射下彼此对应。

证明： 如果两个相似全序集 M 和 N 彼此映射，m 和 n 是两个对应元素，而且 M' 是 M 中所有排在 m 之前的元素所成之集，N' 是所有排在 n 之前的元素所成之集，则在这个映射下，M' 和 N' 彼此对应。因为，对于 M 中排在 m 之前的每个元素 m'，由 §7，必定在 N 中排在 n 之前的一个元素 n' 与之对应，反之亦然。如果把这个一般定理应用于良序集 F 和 G，就能得到所要证明结论。 □

B. 良序集不与它部分的任意截段 A 相似。

证明： 假定 $F \simeq A$，则我们可以设想已有一个 F 到 A 的映射，由定理 A，有 A 的截段 A' 对应于 F 的截段 A，使得 $A' \simeq A$。于是我们就有 $A' \simeq F$ 和 $A' < A$。同样由 A' 可得 F 的相似截段 A''，使得 $A'' \simeq F$ 和 $A'' < A'$，如此下去，将得到 F 截段的一个无穷序列

$$A > A' > A'' > \cdots > A^{(\nu)} > A^{(\nu+1)} > \cdots 。$$

它们逐渐变小且全部与 F 相似。我们用 f，f'，f''，$\cdots$，$f^{(\nu)}$，$\cdots$ 表示 F 中确定这些截段的元素，则有

$$f \succ f' \succ f'' \succ \cdots > f^{(\nu)} \succ f^{(\nu+1)} > \cdots 。$$

因此我们将得到 F 的一个无穷部分

$$(f \succ f' \succ f'' \succ \cdots > f^{(\nu)} \succ f^{(\nu+1)} > \cdots),$$

其中没有最低位元，但由 §12 定理 A，不可能存在 F 的这样一个部分。于是，假定 F 能映射到它的截段上将导致矛盾，因此，集合 F 不与它的任意截段相似。 □

尽管由定理B，一个良序集F不与它的任意截段相似，但如果F是无穷的，却总存在F的另一部分与F相似。例如，集合

$$F = (a_1, a_2, \cdots, a_\nu, \cdots)$$

与它的每个余段

$$(a_{k+1}, a_{k+2}, \cdots, a_{k+\nu}, \cdots)$$

相似。最后，重要的是和定理B一起我们能够得到如下定理：

C. 一个良序集F不与它的截段A的任意部分相似。

证明： 假定F'是F的截段A的一个部分，且$F' \simeq F$。我们设想已有了F到F'的一个映射；则由定理A，对于良序集F的一个截段A作为象有F'的截段F''与之对应；记确定这个截段的F'的元素位f'。那么f'也是A的元素，而且它确定A的一个截段A'，其中F''是它的一部分。根据证明一开始所作的假定，有A的截段A'的一个部分F''，满足$F'' \simeq A$。同样又有A'的截段A''的部分F'''，满足$F''' \simeq A'$。如此下去，正如在定理B的证明中那样，我们得到一个单调递减的F的截段的无穷序列：

$$A > A' > A'' > \cdots > A^{(\nu)} > A^{(\nu+1)} > \cdots 。$$

从而也得到一个确定这些截段的元素的无穷序列

$$f \succ f' \succ f'' \succ \cdots > f^{(\nu)} \succ f^{(\nu+1)} > \cdots 。$$

其中没有最低位元，但由§12定理A，这是不可能的，因此，不存在F的一个截段的部分F'使得$F' \simeq F$。 □

D. 良序集F的两个不同截段A和A'彼此不相似。

证明： 如果$A' < A$，则A'是良序集A的一个截段，因而，由定理B，它不可能与A相似。 □

E. 两个相似的良序集F和G只能以一种方式彼此映射。

证明： 假定存在F到G的两个不同映射，又设对应于F的元素f在两个映射下分别对应于G中不同元素g和g'。令A是F中由f确定的截段，而B和B'是由g和g'确定的G的两个截段。由定理A，由$A \simeq B$和$A \simeq B'$，于是有$B \simeq B'$，这与定理D矛盾。 □

F. 如果F和G是两个良序集，A是F的一个截段，则G至多只可能有一个截段B与它相似。

证明： 如果对于F的截段A在G中有两个截段B和B'与它相似，则B和B'彼此相似，由定理D这是不可能的。 □

G. 如果A和B是两个良序集F和G的相似截段，则对于F的每个较小的截段$A' < A$，存在G的一个相似截段$B' < B$，而且对G中任意较小的截段$B' < B$，有F的一个相似截段$A' < A$。

将定理A应用到相似集合A和B上，可得到定理G的证明。

H. 如果A和A'是良序集F的两个截段，B和B'是良序集G中与它们相似的两个截段，而且$A' < A$，那么$B' < B$。

证明可由定理F和G得出。

I. 如果良序集G的一个截段B不与良序集F的任意截段相似，则G的每个截段$B' > B$和G自身既不与F的一个截段相似，也不与F自身相似。

证明由定理G可得。

K. 如果良序集F的任意一个截段A，都存在另一个良序集G中的一个截段B与之相似，而且反过来，对G的每个截段B，总存在F的一个截段A与之相似，则$F \simeq G$。

证明：　我们可以如下建立F和G之间的映射：令F的最低位元f_1对应于G的最低位元g_1。如果$f \succ f_1$是F中任意其它元素，它确定F的一个截段A，由假定，对这个截段有一个G中确定的截段B与之相似，我们可以令G中确定截段B的元素g作为f的象。如果g是G中位置高于g_1的任意一个元素，它确定G的一个截段，由假定，有一个F中与之相似的截段A。令确定这个截段的元素f作为g的象。不难看出，以这种方式确定的F和G之间的一一对应是一个§7意义上的映射。因为如果f和f'是F中任意两个元素，g和g'是G中两个对应元素，A和A'是由f和f'确定的截段，B和B'是由g和g'确定的截段。而且如果设

$$f' \prec f,$$

则

$$A' < A。$$

那么由定理H，我们有

$$B' < B,$$

从而

$$g' \prec g。$$ □

L. 如果对于良序集F的每个截段A，存在另一个良序集G的一个相似截段，但是如果另一方面，至少存在G的一个截段使F中没有与之相似的截段，则G中必存在一个确定的截段B_1，使得$B_1 \simeq F$。

证明： 考虑G中没有F中与之相似的截段存在的那些截段的全体，其中必有一个最小的，记为B_1。这点由下面的事实保证，因为由§12定理A，确定这些截段的全体元素所成之集必有一个最低位元；G中由这个元素确定的截段B_1就是那些截段中最小的。由定理I，G中每个大于B_1的截段不存在F中与之相似的截段。因此G中对应于F中相似截段的那些截段B必定全小于B_1，而且对每个截段$B < B_1$，有一个F的相似截段A，因为B_1是G中没有F中相似截段与之对应的那些截段中最小的。因此对F的每个截段A存在B_1中的一个相似截段B，而且对B_1中的每个截段B存在F中一个相似截段A。因此由定理K，有

$$F \simeq B_1。$$ □

M. 如果良序集G至少有一个截段在良序集F中没有与之相似的截段，则F的每个截段在G中必有一个与之相似的截段B。

证明： 令B_1是G中没有F中的截段与之相似的那些截段中最小的*。如果F中有这样一个截段，G中没有截段与之对应，

---

* 见前面L的证明。

设 A_1 是其中最小的一个，则对 A_1 的每个截段将存在 B_1 的一个截段
与之相似，而且 B_1 的每个截段，存在 A_1 的一个截段与之相似。于
是有定理 K，我们将有

$$B_1 \simeq A_1。$$

但这与 F 中不存在与 B_1 相似的截段的假定相矛盾。因此，对
于 F 中的每个截段，G 中都有一个相似截段与之对应。   □

N. 如果 F 和 G 是任意两个良序集，则或者

(a) F 和 G 彼此相似；或者

(b) 存在 G 中一个确定的截段 B_1 与 F 相似；或者

(c) 存在 F 中一个确定的截段 A_1 与 G 相似；

而且这三种情况中，如其一成立，则其余两者皆不成立。

证明： F 和 G 只可能成立如下三种关系之一：

(a) 对 F 的每个截段 A，在 G 中有一个相似截段 B，反之，对 G 的每
   个截段 B，在 F 中有一个相似截段 A；

(b) 对 F 的每个截段 A，在 G 中有一个相似截段 B，但 G 中至少有一
   个截段在 F 中没有相似的截段与之对应；

(c) 对 G 的每个截段 B，在 F 中有一个相似截段 A，但 F 中至少有一
   个截段在 G 中没有相似的截段与之对应。

由定理M可知下列两种情况是互斥的：即F中有一个截段在G中没有与之对应的相似截段和G中有一个截段在F中没有与之对应的相似截段。

由定理K，在第一种情况下，我们有

$$F \simeq G,$$

在第二种情况下，由定理L，B中有一个确定的截段B_1，使得

$$B_1 \simeq F;$$

而在第三种情况下，存在F中一个确定的截段A_1，使得

$$A_1 \simeq G。$$

不可能有$F \simeq G$和$F \simeq B_1$同时成立的情况。因为这样我们将有$G \simeq B_1$，而这与定理B相矛盾；同理不可能$F \simeq B_1$和$G \simeq A_1$同时成立，因为由定理A，从$F \simeq B_1$出发将得出存在B_1的一个截段B_1'，使得$A \simeq B_1'$，这样就有$G \simeq B_1'$，而这与定理B矛盾。　　□

O. 如果良序集F的一个部分F'不与F的任意截段相似，则它与F自身相似。

证明：　由§12定理C，F'是一个良序集。如果F'既不与F的一个截段相似，也不与F自身相似，那么由定理N，将有F'的一个截段F_1'相似于F。但F_1'是F的截段A的部分，且截段A同F'的截段F_1'由同一个元素确定。于是集合F必与它的截段之一的某个部分相似，而这与定理C矛盾。　　□

§14　良序集的序数

由§7可知，每个全序集M都有一个确定的序型$\overline{M}$；它是从M中抽去元素的具体性质而保留单元（$Einsen$）之间确定先后次序得到的一般概念。所有彼此相似的集合，而且也只有这些集合有同一个序型。我们称良序集F的序型为它的"序数"。

如果α和β是任意两个序数，它们之间存在三种可能的关系，因为如果F和G是两个良序集，使得

$$\overline{F} = \alpha, \quad \overline{G} = \beta,$$

则由§13定理N，有三种可能的相斥情形：

(a)　$F \simeq G$；

(b)　存在G中一个确定的截段B_1，使得

$$F \simeq B_1;$$

(c)　存在F中一个确定的截段A_1，使得

$$G \simeq A_1。$$

我们很容易看到如果将F和G分别用与他们相似的集合代替，则这些情形都保持不变。因此，在对应的序型α和β之间存在着三种相斥的关系。在第一种情形下，$\alpha = \beta$；在第二种情形下，$\alpha < \beta$；在第三种情形下，$\alpha > \beta$。因此我们有如下定理：

A. 如果α和β是任意两个序数，则或者$\alpha = \beta$，或者$\alpha < \beta$，或者$\alpha > \beta$。　　　　　　　　　　　　　　□

由序数大小的定义，易得如下结论：

B. 如果对于三个序数 α，β 和 γ，$\alpha < \beta$ 且 $\beta < \gamma$，则 $\alpha < \gamma$。　　　　　　　　　　　　　　　　　　　　　□

在§8中定义的全序集序型的加法和乘法运算当然可以应用到序数上。如果 $\alpha = \overline{F}$，$\beta = \overline{G}$，其中 F 和 G 是两个良序集，则

$$(1) \qquad\qquad \alpha + \beta = \overline{(F, G)}。$$

并集 (F, G) 显然也是一个良序集；于是我们有如下定理：

C. 两个序数的和还是一个序数。　　　　　　　　　　　□

在和 $\alpha + \beta$ 中，α 称为"被加数"，β 称为"加数"。

由于 F 是 (F, G) 的一个截段，我们总有

$$(2) \qquad\qquad \alpha < \alpha + \beta。$$

另一方面，G 不是 (F, G) 的截段，而是它的一个余段，因此正如我们在§13中看到的，它可能相似于集合 (F, G)。如若不然，由§13定理O，G 与 (F, G) 的一个截段相似，于是

$$(3) \qquad\qquad \beta \leq \alpha + \beta。$$

从而我们有

D. 两个序数的和总大于被加数，而大于或等于加数。如果 $\alpha + \beta = \alpha + \gamma$，则 $\beta = \gamma$。　　　　　　　　　□

一般来讲，$\alpha + \beta$ 和 $\beta + \alpha$ 不相等。另一方面，如果 γ 是第三个序数，我们有

(4) $$(\alpha + \beta) + \gamma = \alpha + (\beta + \gamma)。$$

即：

E. 序数的加法满足结合律。　　　　　　　　　　　　　□

如果对序型为 β 的集合 G 中的每个元素 g 都用一个序型为 α 的集合 F_g 来替换，则由 §12 定理 E，我们得到一个良序集 H，它的序型完全由序型 α 和 β 确定，称之为 α 和 β 的乘积 $\alpha \cdot \beta$：

(5) $$\overline{F_g} = \alpha,$$
(6) $$\alpha \cdot \beta = \overline{H}。$$

F. 两个序数的乘积还是序数。　　　　　　　　　　　□

在乘积 $\alpha \cdot \beta$ 中，α 称为"被乘数"，β 称为"乘数"。

一般来讲，$\alpha \cdot \beta$ 和 $\beta \cdot \alpha$ 不相等，但我们有（§8）：

(7) $$(\alpha \cdot \beta) \cdot \gamma = \alpha \cdot (\beta \cdot \gamma)。$$

即

G. 序数乘法满足结合律。　　　　　　　　　　　　□

一般来讲（§8），分配律仅在下述形式下成立：

(8) $$\alpha \cdot (\beta + \gamma) = \alpha \cdot \beta + \alpha \cdot \gamma。$$

正如我们很容易看到的，与乘积的大小有关的是如下定理：

H. 如果乘数大于1，两序数的乘积总大于被乘数而大于或等于乘数。如果有 $\alpha \cdot \beta = \alpha \cdot \gamma$，则 $\beta = \gamma$。 □

另一方面，显然有

(9) $$\alpha \cdot 1 = 1 \cdot \alpha = \alpha。$$

现在考虑减法。如果 α 和 β 是两个序数，而且 α 小于 β，则总存在一个确定的序数，我们称为 $\beta - \alpha$，它满足：

(10) $$\alpha + (\beta - \alpha) = \beta。$$

因为，如果 $\overline{G} = \beta$，G 有截段 B，使得 $\overline{B} = \alpha$；我们记相应的余段为 S，则有

$$G = (B, S)$$
$$\beta = \alpha + \overline{S},;$$

因此

(11) $$\beta - \alpha = \overline{S}。$$

$\beta - \alpha$ 是完全确定的，因 G 的截段 B 显然是完全确定的（§ 13定理 D），从而 S 也是完全确定的。

我们特别强调如下公式，它们由(4)，(8)，(10)得出：

(12) $$(\gamma + \beta) - (\gamma + \alpha) = \beta - \alpha,$$

(13) $$\gamma(\beta - \alpha) = \gamma\beta - \gamma\alpha。$$

　　重要的是，无穷多个序数的和仍是一个确定的数，它依赖于被加数做成的序列。如果

$$\beta_1, \beta_2, \cdots, \beta_\nu, \cdots$$

是序数的一个简单无穷序列，并且有

(14) $$\beta_\nu = \overline{G_\nu},$$

则由§12定理E,

(15) $$G = (G_1, G_2, \cdots, G_\nu, \cdots)$$

也是一个良序集，它的序数表示为所有序数β_ν的和：即我们有

(16) $$\beta_1 + \beta_2 + \cdots + \beta_\nu + \cdots = \overline{G} = \beta,$$

而且从乘积定义容易看出，总有

(17) $$\gamma(\beta_1 + \beta_2 + \cdots + \beta_\nu + \cdots) = \gamma \cdot \beta_1 + \gamma \cdot \beta_2 + \cdots + \gamma \cdot \beta_\nu + \cdots。$$

如果记

(18) $$\alpha_\nu = \beta_1 + \beta_2 + \cdots + \beta_\nu,$$

则

(19) $$\alpha_\nu = \overline{G_1 + G_2 + \cdots + G_\nu}。$$

我们有

(20) $$\alpha_{\nu+1} > \alpha_\nu,$$

而且，由(8)，我们可以用 α_ν 如下表示 β_ν

(21) $\beta_1 = \alpha_1;\quad \beta_{\nu+1} = \alpha_{\nu+1} - \alpha_\nu$。

因此，序列

$$\alpha_1, \alpha_2, \cdots, \alpha_\nu, \cdots$$

表示任意满足条件(20)的序数的无穷序列；我们称它为序数的一个"基本序列"（§10）。在基本序列和 β 之间存在一种关系，它可以如下表示：

(a) 对任意 ν，数 β 大于 α_ν，因为序数为 α_ν 的集合 $(G_1, G_2, \cdots, G_\nu)$ 是序数为 β 的集合 G 的一个截段；

(b) 如果 β' 是任意小于 β 的序数，则从某个 ν 之后，我们总有

$$\alpha_\nu > \beta'。$$

这是因为，如果 $\beta' < \beta$，存在序型为 β' 的集合 G 的一个截段 B'。G 中确定这个截段的那个元素必属于某个部分 G_ν；我们记这个部分为 G_{ν_0}。但是这样一来，B' 也是 $(G_1, G_2, \cdots, G_{\nu_0})$ 的一个截段，从而 $\beta' < \alpha_{\nu_0}$，于是对于 $\nu \geq \nu_0$

$$\alpha_\nu > \beta'。$$

因此 β 是依大小次序紧跟在全体序数 α_ν 之后的一个序数；因此我们称它为当 ν 增大时数 α_ν 的"极限"（*Grenze*），而且记为 $\lim_\nu \alpha_\nu$，于是由(16)和(21)：

(22) $\displaystyle\lim_\nu \alpha_\nu = \alpha_1 + (\alpha_2 - \alpha_1) + \cdots + (\alpha_{\nu+1} - \alpha_\nu) + \cdots$。

我们可以把上述结果表述为如下定理：

I. 对于序数的每个基本序列$\{\alpha_\nu\}$，都有一个依照大小次序几根在全体数α_ν之后的$\lim_\nu \alpha_\nu$，它由公式(22)表述。 □

如果γ是任意一个常序数，我们很容易由公式(12)，(13)和(17)证明下述公式表达的定理。

$$(23) \qquad \lim_\nu(\gamma + \alpha_\nu) = \gamma + \lim_\nu \alpha_\nu,$$

$$(24) \qquad \lim_\nu(\gamma \cdot \alpha_\nu) = \gamma \cdot \lim_\nu \alpha_\nu。$$

在§7中我们曾指出具有一个给定的有穷基数ν的一切全序集都有同一个序型。现在，这点可以如下证明。每个具有有穷基数的全序集都是良序集；因为它和它的每个部分必定有一个最低位元，由§12定理 *B*，这恰好说明它是一个良序集。有穷全序集的序型只能是同一个有穷序数，而且两个不同的序数α和β不可能具有同一有穷基数ν。因为，如果设$\alpha < \beta$且$\overline{G} = \beta$，则如所知，存在G的一个截段B，使得$\overline{B} = \alpha$。于是集合G和它的部分B将有相同的有穷基数ν。但由§6定理 *C*，这是不可能的。因此有穷序数实质上与有穷基数一致。

超穷序数的情形就完全不同；对同一个超穷基数$\mathfrak{a}$可有无穷多序数以它为基数，这些序数构成一个统一的互相关联的系统，我们称这个系统为"数类$Z(\mathfrak{a})$"，它是§7中的序型$[\mathfrak{a}]$的部分。我们接下来要讨论的是将称之为"第二数类"的$Z(\aleph_0)$。与此相应，我们把有穷序数的全体$\{\nu\}$称为"第一数类"。

§15　第二数类Z($\aleph_0$)中的数

第二数类 Z($\aleph_0$) 是基数为 $\aleph_0$ 的良序集的序数 α 的全体 $\{\alpha\}$（§6）。

A. 第二数类有一个最小数 $\omega = \lim_\nu \nu$。

证明:　由 ω，我们得以理解下述良序集的序型

(1) $$F_0 = (f_1, f_2, \cdots, f_\nu, \cdots)$$

其中 ν 取遍所有有穷序数，而且

(2) $$f_\nu \prec f_{\nu+1}。$$

因此（§7）

(3) $$\omega = \overline{F_0}$$

且（§6）

(4) $$\overline{\omega} = \aleph_0。$$

于是 ω 是一个第二类的数，事实上还是最小的，因为如果 γ 是任意一个小于 ω 的序数，它必定（§14）是 F_0 的一个截段的序型，但 F_0 只有截段

$$A = (f_1, f_2, \cdots, f_\nu),$$

具有**有穷**序数 ν，于是 $\gamma = \nu$，因此不存在小于 ω 的超穷序数，因而 ω 是最小的超穷序数，由§14中给出的 $\lim_\nu \alpha_\nu$ 的定义，我们显然有 $\omega = \lim_\nu \nu$。　　　　□

B. 如果 α 是第二数类中任意一个数，则 $\alpha+1$ 是同一数类中 α 的后继数。

证明： 令 F 是一个基数为 $\aleph_0$，序型为 α 的良序集：

(5)
$$\overline{F} = \alpha,$$

(6)
$$\overline{\alpha} = \aleph_0。$$

我们用 g 表示一个新的元素，则有

(7)
$$\alpha + 1 = \overline{(F, g)}。$$

因为 F 是 (F, g) 的截段，所以

(8)
$$\alpha + 1 > \alpha。$$

而且还有

$$\overline{\alpha+1} = \overline{\alpha} + 1 = \aleph_0 + 1 = \aleph_0 \text{ (§6)}。$$

因此 $\alpha+1$ 属于第二数类。在 α 和 $\alpha+1$ 之间不存在其他序数，因为每个小于 $\alpha+1$ 的序数 γ 作为序型仅对应于 (F, g) 的一个截段，而且这个截段只可能是 F 或 F 的一个截段。因此 γ 或与 α 相等或小于 α。 □

C. 如果 $\alpha_1, \alpha_2, \cdots, \alpha_\nu, \cdots$ 是由第一或第二数类中的数构成的任意一个基本序列，则依大小次序它们的后继 $\lim_\nu \alpha_\nu$（§14）属于第二数类。

证明： 由 §14，通过基本序列 $\{\alpha_\nu\}$ 可得 $\lim_\nu \alpha_\nu$，如果我们构造另一个基本序列 $\beta_1, \beta_2, \cdots, \beta_\nu, \cdots$，其中

$$\beta_1 = \alpha_1, \ \beta_2 = \alpha_2 - \alpha_1, \ \cdots, \ \beta_{\nu+1} = \alpha_{\nu+1} - \alpha_\nu, \ \cdots,$$

那么，如果$G_1, G_2, \cdots, G_\nu, \cdots$是良序集，使得

$$\overline{G_\nu} = \beta_\nu,$$

则

$$G = (G_1, G_2, \cdots, G_\nu, \cdots)$$

也是良序集，且

$$\lim_\nu \alpha_\nu = \overline{G}。$$

剩下的只需证明

$$\overline{\overline{G}} = \aleph_0。$$

由于数$\beta_1, \beta_2, \cdots, \beta_\nu, \cdots$属于第一或第二数类，我们有

$$\overline{\overline{G_\nu}} \leq \aleph_0。$$

因而

$$\overline{\overline{G}} \leq \aleph_0 \cdot \aleph_0 = \aleph_0。$$

但无论如何，G都是一个超穷集合，因此不可能有$\overline{\overline{G}} < \aleph_0$。 □

我们称第一或第二数类中的两个基本序列$\{\alpha_\nu\}$和$\{\alpha_\nu'\}$（§10）是"相伴的"，用

$$(9) \qquad \{\alpha_\nu\} \parallel \{\alpha_\nu'\}$$

表示，如果对每个ν，存在有穷数λ_0和μ_0使得

$$(10) \qquad \alpha_\lambda' > \alpha_\nu, \quad \lambda \geq \lambda_0,$$

和

$$(11) \qquad \alpha_\mu > \alpha_\nu', \quad \mu \geq \mu_0。$$

D. 两个基本序列 $\{\alpha_\nu\}$ 和 $\{\alpha_\nu'\}$ 的数 $\lim_\nu \alpha_\nu$ 和 $\lim_\nu \alpha_\nu'$ 相等当且仅当 $\{\alpha_\nu\} \parallel \{\alpha_\nu'\}$。

证明： 简洁起见，记 $\lim_\nu \alpha_\nu = \beta$，$\lim_\nu \alpha_\nu' = \gamma$。首先假定 $\{\alpha_\nu\} \parallel \{\alpha_\nu'\}$，我们断言 $\beta = \gamma$。因为如果 β 不等于 γ，则两数中必有一个较小者，不妨设 $\beta < \gamma$，从某个数 ν 之后，将有 $\alpha_\nu' > \beta$（§ 14）。从而由 (11)，从某个 μ 之后将有 $\alpha_\mu > \beta$。但这是不可能的，因为 $\beta = \lim_\nu \alpha_\nu$。因此对于所有的 μ，$\alpha_\mu < \beta$。

反之，如果设 $\beta = \gamma$，则由于 $\alpha_\nu < \gamma$，必然从某个 λ 之后，有 $\alpha_\lambda' > \alpha_\nu$，同时，因为 $\alpha_\nu' > \beta$，必定从某个 μ 之后，$\alpha_\mu > \alpha_\nu'$，即 $\{\alpha_\nu\} \parallel \{\alpha_\nu'\}$。 $\qquad\square$

E. 如果 α 是任一个第二数类的数，而 ν_0 是任一个有穷序数，则 $\nu_0 + \alpha = \alpha$，从而 $\alpha - \nu = \alpha$。

证明： 首先可以断定当 $\alpha = \omega$ 时，我们有

$$\omega = \overline{(f_1, f_2, \cdots, f_\nu, \cdots)},$$
$$\nu_0 = \overline{(g_1, g_2, \cdots, g_{\nu_0})},$$

从而

$$\nu_0 + \omega = \overline{(g_1, g_2, \cdots, g_{\nu_0}, f_1, f_2, \cdots, f_\nu, \cdots)} = \omega。$$

但如果 $\alpha > \omega$，我们有

$$\alpha = \omega + (\alpha - \omega),$$
$$\nu_0 + \alpha = (\nu_0 + \omega) + (\alpha - \omega) = \omega + (\alpha - \omega) = \alpha。 \quad\square$$

F. 如果ν_0是任意有穷序数，我们有$\nu_0 \cdot \omega = \omega$。

证明： 为了得到序型为$\nu_0 \cdot \omega$的序型，我们必须用序型为ν_0的集合$(g_{\nu,1}, g_{\nu,2}, \cdots, g_{\nu,\nu_0})$代替集合$(f_1, f_2, \cdots, f_\nu \cdots)$中的单个元素$f_\nu$，于是我们得到

$$(g_{1,1}, g_{1,2}, \cdots, g_{1,\nu_0}, g_{2,1}, g_{2,2}, \cdots, g_{2,\nu_0}, \cdots, g_{\nu,1}, g_{\nu,2}, \cdots, g_{\nu,\nu_0}, \cdots),$$

它显然与集合$\{f_\nu\}$相似。于是

$$\nu_0 \cdot \omega = \omega.$$

由§14的(24)，可以更简洁地获得相同结果，因为$\omega = \lim_\nu \nu$，所以

$$\nu_0\omega = \lim_\nu \nu_0\nu.$$

另一方面，

$$\{\nu_0\nu\} \parallel \{\nu\},$$

继而

$$\lim_\nu \nu_0\nu = \lim_\nu \nu = \omega;$$

所以

$$\nu_0\omega = \omega. \qquad\qquad \square$$

G. 我们总有

$$(\alpha + \nu_0)\omega = \alpha\omega,$$

其中α是第二数类的数，而ν_0是第一数类的数。

证明: 我们有

$$\lim_{\nu} \nu = \omega 。$$

从而由§ 14 (24),有

$$(\alpha + \nu_0)\omega = \lim_{\nu}(\alpha + \nu_0)\nu 。$$

但

$$(\alpha + \nu_0)\nu = \overbrace{(\alpha + \nu_0)}^{1} + \overbrace{(\alpha + \nu_0)}^{2} + \cdots + \overbrace{(\alpha + \nu_0)}^{\nu}$$
$$= \alpha + \overbrace{(\nu_0 + \alpha)}^{1} + \overbrace{(\nu_0 + \alpha)}^{2} + \cdots + \overbrace{(\nu_0 + \alpha)}^{\nu-1} + \nu_0$$
$$= \overset{1}{\alpha} + \overset{2}{\alpha} + \cdots + \overset{\nu}{\alpha} + \nu_0$$
$$= \alpha\nu + \nu_0 。$$

正如我们很容易看到的,现在我们有

$$\{\alpha\nu + \nu_0\} \parallel \{\alpha\nu\},$$

从而

$$\lim_{\nu}(\alpha + \nu_0)\nu = \lim_{\nu}(\alpha\nu + \nu_0) = \lim_{\nu}\alpha\nu = \alpha\omega 。 \qquad \square$$

H. 如果α是任意一个第二数类的数,则第一和第二数类中小于α的数α'的全体$\{\alpha'\}$,依照大小次序形成一个序型为α的良序集。

证明: 令 F 是满足 $\overline{F} = \alpha$ 的良序集,f_1 是 F 的最低位元。如果 α' 是小于 α 的任意序数,则由§ 14,存在 F 的一个确定的截段 A' 使得

$$\overline{A'} = \alpha',$$

反之，每个截段A'都由它的序型$\overline{A'} = \alpha'$确定第一或第二数类的数$\alpha' < \alpha$。由于$\overline{\overline{F}} = \aleph_0$，$\overline{A'}$只可能是有穷基数或$\aleph_0$。截段$A'$由$F$中一个元素$f' \succ f_1$确定，反之，$F$中每个元素$f' \succ f_1$确定$F$的一个截段$A'$，如果$f'$和$f''$是排在$f_1$后面的两个元素，$A'$和$A''$是由它们确定的$F$的截段，$\alpha'$和$\alpha''$是它们的序型，而且如果设$f' \prec f''$，则由§13，$A' < A''$，从而$\alpha' < \alpha''$。如果记$F = (f_1, F')$，则当我们让$F'$的元素$f'$与$\{\alpha'\}$的元素$\alpha'$相对应时，就得到这两个集合之间的一个映射，于是

$$\overline{\{\alpha'\}} = \overline{F'}。$$

但$\overline{F'} = \alpha - 1$，且由定理$E$，$\alpha - 1 = \alpha$，因此

$$\overline{\{\alpha'\}} = \alpha。$$

由于$\overline{\alpha} = \aleph_0$，因此还有$\overline{\{\alpha'\}} = \aleph_0$；由此我们即得如下定理。　□

I. 第一或第二数类中小于第二数类中某个α的数α'的全体所成之集$\{\alpha'\}$的基数为$\aleph_0$。　□

K. 每个第二数类中的数α，或者(a)由它的直接前驱数α_{-1}加 1 形成：

$$\alpha = \alpha_{-1} + 1,$$

或者(b)存在第一或第二数类的数做成的一个基本序列$\{\alpha_\nu\}$使得

$$\alpha = \lim_\nu \alpha_\nu。$$

证明： 令$\alpha = \overline{F}$。如果F有一最高位元g，我们有$F = (A, g)$，其中A是由g确定的F的截段。于是我们有第一种情况，

即

$$\alpha = \overline{A} + 1 = \alpha_{-1} + 1,$$

因此存在着它的直接前驱数，记为α_1。

　　但是如果F没有最高位元，考虑第一或第二数类中小于α的数的全体$\{\alpha'\}$，由定理H，集合$\{\alpha'\}$依照大小次序相似于集合F；因此这些数α'中没有最大数。由定理I，集合$\{\alpha'\}$可排成一个简单无穷序列α'_ν。如果我们从α'_1开始，则这个次序下的后继元素$\alpha'_2, \alpha'_3, \cdots$一般来讲是小于$\alpha'_1$；但不论怎样，终将出现大于$\alpha'_1$的项；因为$\alpha'_1$不可能大于所有的项，这是由于在$\alpha'_\nu$中没有最大数。令大于$\alpha'_1$的数$\alpha'_\nu$中指标最小的那个数为$\alpha'_{\rho_2}$。类似地，$\alpha'_{\rho_3}$是大于$\alpha'_{\rho_2}$的数的序列$\alpha'_\nu$中指标最小的那个数。如此下去，我们得到一个无穷上升的数的序列，事实上是一个基本序列

$$\alpha'_1, \alpha'_{\rho_2}, \alpha'_{\rho_3}, \cdots, \alpha'_{\rho_\nu}, \cdots 。$$

我们有

$$1 < \rho_2 < \rho_3 < \cdots < \rho_\nu < \cdots,$$

$$\alpha'_1 < \alpha'_{\rho_2} < \alpha'_{\rho_3} < \cdots < \alpha'_{\rho_\nu} < \alpha'_{\rho_{\nu+1}} < \cdots,$$

$$\text{如果} \mu < \rho'_\nu, \text{总有} \alpha'_\mu < \alpha'_{\rho_\nu};$$

又由于显然有$\nu \le \rho_\nu$，因此总有

$$\alpha'_\nu \le \alpha'_{\rho_\nu},$$

于是我们看到，对于充分大小的ν，每个α'_ν，从而每个数$\alpha' < \alpha$都会被α'_{ρ_ν}超过。但依照大小次序α显然是所有α'的后继，从而

是所有α'_{ρ_ν}的后继，因此如果记$\alpha'_1 = \alpha_1$，$\alpha'_{\rho_{\nu+1}} = \alpha_{\nu+1}$，则有

$$\alpha = \lim_\nu \alpha_\nu \text{。} \qquad \Box$$

由定理B，C，$\cdots$，K，显然第二数类的数可通过两种途径由较小的数产生。某些我们称之为"第一类（Art）的数"是从它的直接前驱数α_{-1}通过加1按照下面的公式得到的：

$$\alpha = \alpha_{-1} + 1;$$

而其他我们称之为"第二类的数"中的任意一个都不存在直接前驱数α_{-1}，它们是作为极限数按照下述公式由基本序列$\{\alpha_\nu\}$产生的：

$$\alpha = \lim_\nu \alpha_\nu \text{。}$$

此处α是依照大小紧跟在所有数α_ν之后的数。

我们称由较小的数相继产生较大数的这两种方法为形成"第二数类中的数的第一和第二生成原则"。*

§16 第二数类的势等于第二大超穷基数阿列夫壹

在进一步详细探讨第二数类的数及其运算法则之前，我们先来解决由所有这些数构成的集合$Z(\aleph_0) = \{\alpha\}$的基数问题。

A. 所有第二数类的数α依照大小次序构成的全体$\{\alpha\}$是一个良序集。

---

*参见引言Ⅶ。

证明： 如果我们用A_α表示第二数类中小于某个事先给定的数α的全体，则依照大小次序，A_α是一个序型为$\alpha - \omega$的良序集。这是由于§14定理H的缘故。定理H中用$\{\alpha'\}$表示的第一或第二数类中所有数α'的集合现在是由$\{\nu\}$和A_α构成的

$$\{\alpha'\} = (\{\nu\}, A_\alpha)。$$

于是

$$\overline{\{\alpha'\}} = \overline{\{\nu\}} + \overline{A_\alpha};$$

由于$\overline{\{\alpha'\}} = \alpha$，$\overline{\{\nu\}} = \omega$，我们有

$$\overline{A_\alpha} = \alpha - \omega。$$

令J是$\{\alpha\}$的任意一个部分，使得在$\{\alpha\}$中存在一些数大于J中所有的数。设α_0是这些数之一，则J也是A_{α_0+1}的一个部分，而且事实上是这样一个部分，A_{α_0+1}中至少有α_0大于J中所有的数。由于A_{α_0+1}是一个良序集，由§12，A_{α_0+1}中，从而$\{\alpha\}$中必有一个数α'是J中全体数的直接后继。于是$\{\alpha\}$满足§12中的条件II；§12中的条件I也满足，这是因为$\{\alpha\}$中有最小数ω。　　　□

现在我们将§12定理A和C应用于良序集$\{\alpha\}$，则得到如下定理：

B. 每个由第一和第二数类的数所构成的全体都有一个最小的数。　　　□

C. 每个由第一和第二数类的数依其大小次序构成的全体形成一个良序集。　　　□

现在我们要说明的是，第二数类的数所构成的集合的势与第一数类的数所构成的集合的势(即$\aleph_0$)并不相等。

D. 第二数类的数α的全体所构成的集合$\{\alpha\}$的势不等于$\aleph_0$。

证明： 如果$\overline{\overline{\{\alpha\}}} = \aleph_0$，我们可以将集合$\{\alpha\}$排列成一个简单无穷序列

$$\gamma_1, \gamma_2, \cdots, \gamma_\nu, \cdots,$$

使得$\{\gamma_\nu\}$依照不是大小次序的另一种次序表示第二数类数的全体，而且$\{\gamma_\nu\}$像$\{\alpha\}$一样不含最大数。

从γ_1出发，令γ_{ρ_2}是序列中那些大于γ_1的数中指标最小的项，γ_{ρ_3}是序列中那些大于γ_{ρ_2}的数中指标最小的项，如此下去，我们得到数的一个无穷上升序列

$$\gamma_1, \gamma_{\rho_2}, \cdots, \gamma_{\rho_\nu}, \cdots,$$

满足

$$1 < \rho_2 < \rho_3 < \cdots < \rho_\nu < \rho_{\nu+1} < \cdots,$$
$$\gamma_1 < \gamma_{\rho_2} < \gamma_{\rho_3} < \cdots < \gamma_{\rho_\nu} < \gamma_{\rho_{\nu+1}} < \cdots,$$
$$\gamma_\nu \leq \gamma_{\rho_\nu}\text{。}$$

由§15定理C，存在第二数类中一个确定的数δ，

$$\delta = \lim_\nu \gamma_{\rho_\nu},$$

它大于所有的γ_{ρ_ν}。于是对每个ν

$$\delta > \gamma_\nu\text{。}$$

但$\{\gamma_\nu\}$包含了第二数类中**所有**的数，从而也包含δ；于是对于某个确定的ν_0，有

$$\delta = \gamma_{\nu_0},$$

这个等式与$\delta > \gamma_{\nu_0}$矛盾，即假设$\overline{\{\alpha\}} = \aleph_0$将导致矛盾。   □

E. 第二数类中不同的数β构成的一个集合$\{\beta\}$如果是无穷的，则它的基数或者为$\aleph_0$，或者为第二数类的基数$\overline{\overline{\{\alpha\}}}$。

证明： 按照大小次序排列集合$\{\beta\}$时，由于它是良序集$\{\alpha\}$的一个部分，由§13定理O，它或者相似于一个截段A_{α_0}，这一截段是同一数类中按照大小次序小于α_0的所有数的全体，或者相似于$\{\alpha\}$自身。正如在定理A的证明中指出的，我们有

$$\overline{\overline{A_{\alpha_0}}} = \alpha_0 - \omega.$$

因此或者$\overline{\overline{\{\beta\}}} = \alpha_0 - \omega$，或者$\overline{\overline{\{\beta\}}} = \overline{\overline{\{\alpha\}}}$。从而$\overline{\overline{\{\beta\}}}$或者等于$\overline{\overline{\alpha_0 - \omega}}$，或者等于$\overline{\overline{\{\alpha\}}}$。但$\overline{\overline{\alpha_0 - \omega}}$或者是一个有穷基数或者等于$\aleph_0$（§15定理$I$）。由于已假定$\{\beta\}$是无穷集合，所以第一种情形不可能。因此$\overline{\overline{\beta}}$或者等于$\aleph_0$，或者等于$\overline{\overline{\{\alpha\}}}$。   □

F. 第二数类$\{\alpha\}$的势是第二大的超穷基数阿列夫壹。

证明： 不存在基数$\mathfrak{a}$大于$\aleph_0$小于$\overline{\overline{\alpha}}$。否则，由§2，必存在$\{\alpha\}$的一个无穷部分$\{\beta\}$，使得$\overline{\overline{\beta}} = \mathfrak{a}$，但由刚刚证明的定理$E$，$\{\beta\}$或者有基数$\aleph_0$，或者有基数$\overline{\overline{\{\alpha\}}}$。因此按照大小$\overline{\overline{\{\alpha\}}}$必定是紧跟在$\aleph_0$之后的基数，我们记这个新基数为$\aleph_1$。   □

因此，在处理第二数类$Z(\aleph_0)$过程中，作为结论，我们得到了第二大超穷基数阿列夫壹的一个自然典型。

§17 形如 $\omega^{\mu}\nu_0 + \omega^{\mu-1}\nu_1 + \cdots + \nu_{\mu}$ 的数

为了方便，我们先来熟悉一下 $Z(\aleph_0)$ 中那些由 ω 的有穷次幂的整代数函数表示的数。每个这样的数都能并且只能用一种方式表示为

$$(1) \qquad \varphi = \omega^{\mu}\nu_0 + \omega^{\mu-1}\nu_1 + \cdots + \nu_{\mu},$$

其中 μ, ν_0 是不等于 0 的有穷数，而 $\nu_1, \nu_2, \cdots, \nu_{\mu}$ 可以是 0。这依赖于如下事实，如果 $\mu' < \mu$ 且 $\nu > 0$，$\nu' > 0$，有

$$(2) \qquad \omega^{\mu'}\nu' + \omega^{\mu}\nu = \omega^{\mu}\nu,$$

因为由 §14 (8)，我们有

$$\omega^{\mu'}\nu' + \omega^{\mu}\nu = \omega^{\mu'}(\nu' + \omega^{\mu-\mu'}\nu),$$

而且由 §15 定理 E，我们有

$$\nu' + \omega^{\mu-\mu'}\nu = \omega^{\mu-\mu'}\nu。$$

于是，在形如

$$\cdots + \omega^{\mu'}\nu' + \omega^{\mu}\nu + \cdots,$$

的数的集合中，所有在它右面有 ω 的较高次幂跟随的项都可以去掉，连续使用这种方法直到达到 (1) 的形式。我们还要强调的是

$$(3) \qquad \omega^{\mu}\rho + \omega^{\mu}\nu' = \omega^{\mu}(\nu + \nu')。$$

现在比较 φ 和与它同类的数

$$(4) \qquad \psi = \omega^{\lambda}\rho_0 + \omega^{\lambda-1}\rho_1 + \cdots + \rho_{\lambda}。$$

如果μ和λ不同，例如$\mu < \lambda$，由(2)，我们有$\varphi + \psi = \psi$，因而$\varphi < \psi$。

如果$\mu = \lambda$，ν_0和ρ_0不同，例如$\nu_0 < \rho_0$，由(2)，我们有

$$\varphi + (\omega^\lambda(\rho_0 - \nu_0) + \omega^{\lambda-1}\rho_1 + \cdots + \rho_\mu) = \psi,$$

从而

$$\varphi < \psi \circ$$

最后，如果

$$\mu = \lambda, \nu_0 = \rho_0, \nu_1 = \rho_1, \cdots, \nu_{\sigma-1} = \rho_{\sigma-1}, \ \sigma \leq \mu,$$

但ν_σ和ρ_σ不同，例如$\nu_\sigma < \mu_\sigma$，则由(2)有

$$\varphi + (\omega^{\lambda-\sigma}(\rho_\sigma - \nu_\sigma) + \omega^{\lambda-\sigma-1}\rho_{\sigma+1} + \cdots + \rho_\mu) = \psi,$$

从而仍有

$$\varphi < \psi \circ$$

于是我们看到，只有当φ和ψ的表达式完全一样时，它们在数值上才相等。

φ和ψ**相加**得到如下结果：

(*a*) 如果$\mu < \lambda$，则如我们上面指出过的

$$\varphi + \psi = \psi;$$

(*b*) 如果$\mu = \lambda$，则有

$$\varphi + \psi = \omega^\lambda(\nu_0 + \rho_0) + \omega^{\lambda-1}\rho_1 + \cdots + \rho_\lambda;$$

(c) 如果 $\mu > \lambda$，我们有

$$\varphi+\psi = \omega^\mu\nu_0+\omega^{\mu-1}\nu_1+\cdots+\omega^{\lambda+1}\nu_{\mu-\lambda-1}+\omega^\lambda(\nu_{\mu-\lambda}+\rho_0)+\omega^{\lambda-1}\rho_1+\cdots+\rho_\lambda.$$

为了实施 φ 和 ψ 的**乘法**，我们注意到，如果 ρ 是一个非0的有穷数，则有下述公式

(5) $$\varphi\rho = \omega^\mu\nu_0\rho + \omega^{\mu-1}\nu_1 + \cdots + \nu_\mu.$$

这一结果很容易从求 ρ 项和 $\varphi + \varphi + \cdots + \varphi$ 得到，重复使用§15定理 G，再加上§15定理 F 还可得

(6) $$\varphi\omega = \omega^{\mu+1},$$

从而还有

(7) $$\varphi\omega^\lambda = \omega^{\mu+\lambda}.$$

由§14关于数的分配律(8)，我们有

$$\varphi\psi = \varphi\omega^\lambda\rho_0 + \varphi\omega^{\lambda-1}\rho_1 + \cdots + \varphi\omega\rho_{\lambda-1} + \varphi\rho_\lambda.$$

于是，由公式(4)，(5)和(7)得到如下结果：

(a) 如果 $\rho_\lambda = 0$，我们有

$$\varphi\psi = \omega^{\mu+\lambda}\rho_0 + \omega^{\mu+\lambda-1}\rho_1 + \cdots + \omega^{\mu+1}\rho_{\lambda-1} = \omega^\mu\psi;$$

(b) 如果 ρ_λ 不等于0，我们有

$$\varphi\psi = \omega^{\mu+\lambda}\rho_0+\omega^{\mu+\lambda-1}\rho_1+\cdots+\omega^{\mu+1}\rho_{\lambda-1}+\omega^\mu\nu_0\rho_\lambda+\omega^{\mu-1}\nu_1+\cdots+\nu_\mu.$$

现在我们可以按下述方式，得到数 φ 的一个值得注意的分解式。令

(8) $$\varphi = \omega^{\mu}\kappa_0 + \omega^{\mu_1}\kappa_1 + \cdots + \omega^{\mu_\tau}\kappa_\tau,$$

其中

$$\mu > \mu_1 > \mu_2 > \cdots > \mu_\tau \geq 0,$$

而 $\kappa_0, \kappa_1, \cdots, \kappa_\tau$ 是不等于 0 的有穷数。于是我们有

$$\varphi = (\omega^{\mu_1}\kappa_1 + \omega^{\mu_2}\kappa_2 + \cdots + \omega^{\mu_\tau}\kappa_\tau)(\omega^{\mu-\mu_1}\kappa_0 + 1).$$

通过反复使用这一公式，我们得到

$$\varphi = \omega^{\mu_\tau}\kappa_\tau(\omega^{\mu_{\tau-1}-\mu_\tau}\kappa_{\tau-1}+1)(\omega^{\mu_{\tau-2}-\mu_{\tau-1}}\kappa_{\tau-2}+1)\cdots(\omega^{\mu-\mu_1}\kappa_0+1).$$

但如果 κ 是不为 0 的有穷数，则我们有

$$\omega^{\lambda}\kappa + 1 = (\omega^{\lambda} + 1)\kappa;$$

所以

$$\varphi = \omega^{\mu_\tau}\kappa_\tau(\omega^{\mu_{\tau-1}-\mu_\tau}+1)\kappa_{\tau-1}(\omega^{\mu_{\tau-2}-\mu_{\tau-1}}+1)\kappa_{\tau-2}\cdots(\omega^{\mu-\mu_1}+1)\kappa_0.$$

其中各因子 $\omega^{\lambda} + 1$ 都是不可分解的，而且数 φ 只可能以一种方式表示这种形式的乘积。如果 $\mu_\tau = 0$，则 φ 是第一类数，其他情况下 φ 是第二类数。

这节给出的公式明显地与我在《数学年鉴》第二十一卷第 585 页（或《基础》，第 41 页）中给出的不同，这只是由于两个数的乘积的不同写法造成的：我们这里记左边的为被乘数，右边的为乘数，但在那里恰好相反。

§18　第二数类变化域中的幂* γ^{α}

令 ξ 是一个变量，它的变化域是由第一和第二类的数，包括0组成的。令 δ 和 γ 是两个属于同一变化域的常数，而且令

$$\delta > 0, \quad \gamma > 1。$$

于是我们可以断定下面定理为真：

A. 存在一个完全确定的变量 ξ 的单值函数 $f(\xi)$，使得

(a) $f(0) = \delta$。

(b) 如果 ξ' 和 ξ'' 是 ξ 的任意两个值，且如果

$$\xi' < \xi'',$$

则

$$f(\xi') < f(\xi'')。$$

(c) 对 ξ 的每个值，有

$$f(\xi + 1) = f(\xi)\gamma。$$

(d) 如果 $\{\xi_{\nu}\}$ 是任意一个基本序列，则 $\{f(\xi_{\nu})\}$ 也是，而且如果

$$\xi = \lim_{\nu} \xi_{\nu},$$

则

$$f(\xi) = \lim_{\nu} f(\xi_{\nu})。$$

---

* 这里（power）显然是指**幂**而非**势**。

证明： 由(*a*)和(*c*)，我们有

$$f(1) = \delta\gamma, \ f(2) = \delta\gamma\gamma, \ f(3) = \delta\gamma\gamma\gamma, \ \cdots,$$

又由 $\delta > 0$ 及 $\gamma > 1$，有

$$f(1) < f(2) < f(3) < \cdots < f(\nu) < f(\nu+1) < \cdots$$

于是函数 $f(\xi)$ 对于域 $\xi < \omega$ 完全确定。现在假定定理对所有小于 α 的 ξ 的值成立，其中 α 是第二数类中任意一个数，则对 $\xi \le \alpha$ 定理也成立。因为如果 α 是第一类数，由(*c*)我们可得：

$$f(\alpha) = f(\alpha_{-1})\gamma > f(\alpha_{-1});$$

因此条件(*b*)，(*c*)和(*d*)对 $\xi \le \alpha$ 满足。如果 α 是第二类数，且 $\{\alpha_\nu\}$ 是一个基本序列，使得 $\lim_\nu \alpha_\nu = \alpha$，则由(*b*)可得 $\{f(\alpha_\nu)\}$ 也是一个基本序列，从而由(*d*)，$f(\alpha) = \lim_\nu f(\alpha_\nu)$。如果我们取另一个基本序列 $\{\alpha'_\nu\}$，使得 $\lim_\nu \alpha'_\nu = \alpha$，则由(*b*)，这两个基本序列 $\{f(\alpha_\nu)\}$ 和 $\{f(\alpha'_\nu)\}$ 是收敛的，因而也有 $f(\alpha) = \lim_\nu f(\alpha'_\nu)$。在这种情况下，$f(\alpha)$ 的值也是唯一确定的。

如果 α' 是任意一个小于 α 的数，很容易断定 $f(\alpha') < f(\alpha)$。条件(*b*)，(*c*)和(*d*)对 $\xi \le \alpha$ 满足。因此定理对 ξ 的**所有值**均成立。因为如果定理对 ξ 某些值不成立，则由§16定理*B*，其中必存在一个最小的，记为 α，这样定理对 $\xi < \alpha$ 成立，但对于 $\xi \le \alpha$ 不成立，这将与我们已经证明的结果相矛盾。因此，对 ξ 的整个变化域，存在唯一的一个函数 $f(\xi)$，使条件(*a*)到(*d*)满足。 □

如果令 δ 取常数值1，并用

$$\gamma^\xi$$

表示函数 $f(\xi)$，我们有如下定理：

B. 如果 γ 是任意一个属于第一或第二数类的大于1的常数，则存在 ξ 的一个完全确定的函数 γ^ξ，使得

(a) $\gamma^0 = 1$；

(b) 如果 $\xi' < \xi''$，则 $\gamma^{\xi'} < \gamma^{\xi''}$；

(c) 对 ξ 的每个值，有 $\gamma^{\xi+1} = \gamma^\xi \gamma$；

(d) 如果 $\{\xi_\nu\}$ 是一个基本序列，则 $\{\gamma^{\xi_\nu}\}$ 是这样一个基本序列，当 $\xi = \lim_\nu \xi_\nu$ 时，有等式

$$\gamma^\xi = \lim_\nu \gamma^{\xi_\nu}。\quad\square$$

我们还可以得出以下定理：

C. 如果 $f(\xi)$ 是定理 A 中刻画的函数，我们有

$$f(\xi) = \delta \gamma^\xi。$$

证明： 如果我们注意到 §14 的(24)，很容易断定，函数 $\delta \gamma^\xi$ 不仅满足定理 A 的条件 (a)，(b)，(c)，还满足条件 (d)，考虑到函数 $f(\xi)$ 的唯一性，它必与 $\delta \gamma^\xi$ 为同一函数。 $\qquad\square$

D. 如果 α 和 β 是第一或第二数类中任意两个数，包括0，则总有

$$\gamma^{\alpha+\beta} = \gamma^\alpha \gamma^\beta。$$

证明：　考虑函数 $\varphi(\xi) = \gamma^{\alpha+\xi}$。注意到 §14 的公式(23)

$$\lim_{\nu}(\alpha + \xi_\nu) = \alpha + \lim_{\nu} \xi_\nu,$$

我们看出 $\varphi(\xi)$ 满足以下四个条件：

(a)　$\varphi(0) = \gamma^\alpha$；

(b)　如果 $\xi' < \xi''$，则 $\varphi(\xi') < \varphi(\xi'')$；

(c)　对 ξ 的每个值，有 $\varphi(\xi + 1) = \varphi(\xi)\gamma$；

(d)　如果 $\{\xi_\nu\}$ 是一个基本序列，使得 $\lim_{\nu} \xi_\nu = \xi$ 时，我们有

$$\varphi(\xi) = \lim_{\nu} \varphi(\xi_\nu)。$$

由定理 C，当令 $\delta = \gamma^\alpha$ 时，我们有

$$\varphi(\xi) = \gamma^\alpha \gamma^\xi。$$

如果令这里的 $\xi = \beta$，则有

$$\gamma^{\alpha+\beta} = \gamma^\alpha \gamma^\beta。 \qquad \square$$

E. 如果 α 和 β 是第一或第二数类中任意两个数，包括 0，则有

$$\gamma^{\alpha+\beta} = (\gamma^\alpha)^\beta。$$

证明：　考虑函数 $\psi(\xi) = \gamma^{\alpha\xi}$，并由 §14 的(24)，注意到我们总有 $\lim_{\nu} \alpha\xi_\nu = \alpha \lim_{\nu} \xi_\nu$，则由定理 D 可得出如下结论：

(a)　$\psi(0) = 1$；

(*b*) 如果$\xi' < \xi''$，则$\psi(\xi') < \psi(\xi'')$；

(*c*) 对ξ的每个值，有$\psi(\xi + 1) = \psi(\xi)\gamma^\alpha$；

(*d*) 如果$\{\xi_\nu\}$是一个基本序列，则$\{\psi(\xi_\nu)\}$也是一个基本序列，且如果$\xi = \lim_\nu \xi_\nu$，则有等式$\psi(\xi) = \lim_\nu \psi(\xi_\nu)$。

于是由定理C，如果在这里用1代替δ，用γ^α替代γ，则有

$$\psi(\xi) = (\gamma^\alpha)^\xi \text{。} \qquad \square$$

比较γ^ξ和ξ的**级数**（*magnitude*），我们得出下面定理：

F. 如果$\gamma > 1$，对ξ的每个值，

$$\gamma^\xi \geq \xi \text{。}$$

证明： 在$\xi = 0$和$\xi = 1$的情况下，定理显然为真。现在我们要指出，如果定理对于ξ的所有小于某个数$\alpha > 1$的值为真，则对$\xi = \alpha$也真。

如果α是第一类数，由假定，我们有

$$\alpha_{-1} \leq \gamma^{\alpha_{-1}},$$

从而

$$\alpha_{-1}\gamma \leq \gamma^{\alpha_{-1}}\gamma = \gamma^\alpha,$$

因此

$$\gamma^\alpha \geq \alpha_{-1} + \alpha_{-1}(\gamma - 1) \text{。}$$

由于 α_{-1} 和 $\gamma-1$ 至少都等于1，而且 $\alpha_{-1}+1=\alpha$，所以有

$$\gamma^{\alpha} \geq \alpha。$$

另一方面，如果 α 是第二类数，且

$$\alpha = \lim_{\nu} \alpha_{\nu},$$

则因为 $\alpha_{\nu} < \alpha$，由假定，我们有

$$\alpha_{\nu} \leq \gamma^{\alpha_{\nu}}。$$

于是

$$\lim_{\nu} \alpha_{\nu} \leq \lim_{\nu} \gamma^{\alpha_{\nu}},$$

即

$$\alpha \leq \gamma^{\alpha}。$$

现在，如果存在 ξ 的值，使得

$$\xi > \gamma^{\xi},$$

则由§16定理 B，其中必有一个最小的，若用 α 表示这个数，对于 $\xi < \alpha$，我们有

$$\xi \leq \gamma^{\xi},$$

但是

$$\alpha > \gamma^{\alpha}。$$

这与我们上面证明的结论矛盾。因此对 ξ 所有的值，我们有

$$\gamma^{\xi} \geq \xi。 \qquad \square$$

§19　第二数类中的标准形式

令α是任意一个第二数类的数。对于充分大的ξ的值，幂ω^ξ将大于α。由§18定理F，这总会在$\xi > \alpha$的情况下发生；但一般来讲，对较小的ξ值也能有这种情况。

由§16定理B，在满足

$$\omega^\xi > \alpha,$$

的那些ξ的值中必存在一个最小的，我们用β表示这个最小数，而且很容易断定它不可能是第二类数，事实上，如果我们有

$$\beta = \lim_\nu \beta_\nu,$$

由于$\beta_\nu < \beta$，则

$$\omega^{\beta_\nu} \leq \alpha,$$

从而

$$\lim_\nu \omega^{\beta_\nu} \leq \alpha,$$

于是我们有

$$\omega^\beta \leq \alpha,$$

然而，我们已知

$$\omega^\beta > \alpha。$$

因此β是第一类数，我们用α_0表示$\beta - 1$，则$\beta = \alpha_0 + 1$，于是可以断定存在一个第一或第二数类中完全确定的数α_0，满足两个条件：

(1) $$\omega^{\alpha_0} \leq \alpha, \ \omega^{\alpha_0}\omega > \alpha。$$

由第二个条件我们可得出

$$\omega^{\alpha_0} \nu \leq \alpha。$$

对 ν 的所有有穷值不成立，因为，否则将有

$$\lim_{\nu} \omega^{\alpha_0} \nu = \omega^{\alpha_0} \omega \leq \alpha。$$

我们用 $\kappa_0 + 1$ 表示满足

$$\omega^{\alpha_0} > \alpha$$

的最小有穷基数 ν。由 (1) 我们有 $\kappa_0 > 0$。

因此存在第一数类中一个完全确定的数 κ_0 使得

(2) $$\omega^{\alpha_0} \kappa_0 \leq \alpha, \quad \omega^{\alpha_0}(\kappa_0 + 1) > \alpha。$$

如果记 $\alpha - \omega^{\alpha_0} \kappa_0 = \alpha'$，则有

(3) $$\alpha = \omega^{\alpha_0} \kappa_0 + \alpha'$$

和

(4) $$0 \leq \alpha' < \omega^{\alpha_0}, \quad 0 < \kappa_0 < \omega。$$

但是在条件 (4) 下，α 只能以一种方式表示成 (3) 的形式。因为由 (3) 和 (4) 可反推出条件 (2)，进而得条件 (1)。但只有数 $\alpha_0 = \beta_{-1}$ 满足条件 (1)，而由条件 (2)，有穷数 κ_0 是唯一确定的。由 (1) 和 (4)，并注意到 §18 定理 F，可得

$$\alpha' < \alpha, \quad \alpha_0 \leq \alpha,$$

因此我们得到如下定理：

A. 每个第二数类中的数可以而且只能以一种形式表示为

$$\alpha = \omega^{\alpha_0} \kappa_0 + \alpha',$$

其中

$$0 \le \alpha' < \omega^{\alpha_0}, \quad 0 < \kappa_0 < \omega。$$

而且 α' 总小于 α，但 α_0 却小于或等于 α。 □

如果 α' 是一个第二数类中的数，我们可以对它应用定理 A，从而有

$$(5) \qquad\qquad \alpha' = \omega^{\alpha_1} \kappa_1 + \alpha'',$$

其中

$$0 \le \alpha'' < \omega^{\alpha_1}, \quad 0 < \kappa_1 < \omega。$$

且

$$\alpha_1 < \alpha_0, \quad \alpha'' < \alpha'。$$

一般的，我们可得一串类似的等式

$$(6) \qquad\qquad \alpha'' = \omega^{\alpha_2} \kappa_2 + \alpha''',$$
$$(7) \qquad\qquad \alpha''' = \omega^{\alpha_3} \kappa_3 + \alpha^{iv},$$

$$\cdots\cdots$$

但这个序列不可能是无穷的，它必定在某处停止。因为数 α，α'，α''，$\cdots$ 逐渐减小：

$$\alpha > \alpha' > \alpha'' > \alpha''' > \cdots。$$

如果一个递减的超穷数序列是无穷的，则它没有一个最小数，而根据§16定理B这是不可能的。因此，必有某个有穷数值τ，使得

$$\alpha^{(\tau+1)} = 0。$$

如果我们将等式(3)，(5)，(6)和(7)联系起来考虑，将得到定理

B. 第二数类中每个数α可以而且只可以以一种方式表示：

$$\alpha = \omega^{\alpha_0}\kappa_0 + \omega^{\alpha_1}\kappa_1 + \cdots + \omega^{\alpha_\tau}\kappa_\tau,$$

其中$\alpha_0, \alpha_1, \cdots, \alpha_\tau$是第一或第二数类的数，满足

$$\alpha_0 > \alpha_1 > \cdots > \alpha_\tau \geq 0,$$

而$\kappa_0, \kappa_1, \cdots, \kappa_\tau, \tau+1$是第一数类中不等于0的数。 □

我们以上指出的第二数类中的数的表达形式称为它的"标准形式"；α_0称为它的"次数"(*degree*)，α_τ称为α的"指数"(*exponent*)，对于$\tau = 0$，α的次数和指数相等。

按照α_τ的指数等于或大于0可以区分α是第一或第二数类的数。

选取另一表示为标准形式的数

$$(8) \qquad \beta = \omega^{\beta_0}\lambda_0 + \omega^{\beta_1}\lambda_1 + \cdots + \omega^{\beta_\tau}\lambda_\sigma。$$

公式

$$(9) \qquad \omega^{\alpha'}\kappa' + \omega^{\alpha'}\kappa = \omega^{\alpha'}(\kappa' + \kappa),$$

$$(10) \qquad \omega^{\alpha'}\kappa' + \omega^{\alpha''}\kappa'' = \omega^{\alpha''}\kappa'', \quad \alpha' < \alpha'',$$

其中 $\kappa, \kappa', \kappa''$ 表示有穷数，可用来比较 α 和 β 的大小，也可用来求出 α 和 β 的和与差。它们是 §17 中的公式 (2) 和 (3) 的推广。

为表示乘积 $\alpha\beta$，可以考虑下面的公式

(11) $\qquad \alpha\lambda = \omega^{\alpha_0}\kappa_0\lambda + \omega^{\alpha_1}\kappa_1 + \cdots + \omega^{\alpha_\tau}\kappa_\tau,\ 0 < \lambda < \omega;$

(12) $\qquad \alpha\omega = \omega^{\alpha_0+1};$

(13) $\qquad \alpha\omega^{\beta'} = \omega^{\alpha_0+\beta'},\ \beta' > 0。$

方幂 α^β 很容易从下面公式导出：

(14) $\qquad\qquad \alpha^\lambda = \omega^{\alpha_0\lambda}\kappa_0 + \cdots,\ 0 < \lambda < \omega。$

右边没有写出的那些项较第一项有较小的次数，因此基本序列 $\{\alpha^\lambda\}$ 和 $\{\omega^{\alpha_0\lambda}\}$ 是收敛的。所以有

(15) $\qquad\qquad \alpha^\omega = \omega^{\alpha_0\omega},\ \alpha_0 > 0。$

于是由 §18 定理 E，我们有

(16) $\qquad\qquad \alpha^{\omega^{\beta'}} = \alpha^{\alpha_0\omega^{\beta'}},\ \alpha_0 > 0,\ \beta' > 0。$

通过这些公式，我们可以证明下面的定理：

C. 如果两个数 α 和 β 的标准形式中的第一项 $\omega^{\alpha_0}\kappa_0$ 和 $\omega^{\beta_0}\lambda_0$ 不相等，则当 $\omega^{\alpha_0}\kappa_0$ 小于或大于 $\omega^{\beta_0}\lambda_0$ 时 α 就小于或大于 β。但如果

$$\omega^{\alpha_0}\kappa_0 = \omega^{\beta_0}\lambda_0,\ \omega^{\alpha_1}\kappa_1 = \omega^{\beta_1}\lambda_1,\ \cdots,\ \omega^{\alpha_\rho}\kappa_\rho = \omega^{\beta_\rho}\lambda_\rho,$$

而 $\omega^{\alpha_{\rho+1}}\kappa_{\rho+1}$ 小于或大于 $\omega^{\beta_{\rho+1}}\lambda_{\rho+1}$，则 α 相应地小于或大于 β。 $\qquad\square$

D. 如果 α 的次数 α_0 小于 β 的次数 β_0，则有

$$\alpha + \beta = \beta。$$

如果 $\alpha_0 = \beta_0$，则

$$\alpha + \beta = \omega^{\beta_0}(\kappa_0 + \lambda_0) + \omega^{\beta_1}\lambda_1 + \cdots + \omega^{\beta_\sigma}\lambda_\sigma。$$

但如果

$$\alpha_0 > \beta_0, \ \alpha_1 > \beta_1, \ \cdots \alpha_\rho \ge \beta_0, \ \alpha_{\rho+1} < \beta_0,$$

则

$$\alpha + \beta = \omega^{\alpha_0}\kappa_0 + \cdots + \omega^{\alpha_\rho}\kappa_\rho + \omega^{\beta_0}\lambda_0 + \omega^{\beta_1}\lambda_1 + \cdots + \omega^{\beta_\sigma}\lambda_\sigma。\ \square$$

E. 如果 β 是第二类数（$\beta_\sigma > 0$），则

$$\alpha\beta = \omega^{\alpha_0+\beta_0}\lambda_0 + \omega^{\alpha_0+\beta_1}\lambda_1 + \cdots + \omega^{\alpha_0+\beta_\sigma}\lambda_\sigma = \omega^{\alpha_0}\beta;$$

但如果 β 是第一类数（$\beta_\sigma = 0$），则

$$\alpha\beta = \omega^{\alpha_0+\beta_0}\lambda_0 + \omega^{\alpha_0+\beta_1}\lambda_1 + \cdots + \omega^{\alpha_0+\beta_\sigma-1}\lambda_{\sigma-1} + \omega^{\alpha_0}\kappa_0\lambda_\sigma + \omega^{\alpha_1}\kappa_1 + \cdots + \omega^{\alpha_\tau}\kappa_\tau。\ \square$$

F. 如果 β 是第二类数（$\beta_\sigma > 0$），则

$$\alpha^\beta = \omega^{\alpha_0\beta}。$$

但如果 β 是第一类数（$\beta_\sigma = 0$），事实上 $\beta = \beta' + \lambda$，其中 β' 是第二类数，则有

$$\alpha^\beta = \omega^{\alpha_0\beta'}\alpha^{\lambda_\sigma}。\ \square$$

G. 第二数类的每个数α可以，而且只可以以一种形式表示成乘积

$$\alpha = \omega^{\gamma_0}\kappa_\tau(\omega^{\gamma_1}+1)\kappa_{\tau-1}(\omega^{\gamma_2}+1)\kappa_{\tau-2}\cdots(\omega^{\gamma_\tau}+1)\kappa_0,$$

而且

$$\gamma_0 = \alpha_\tau, \quad \gamma_1 = \alpha_{\tau-1}-\alpha_\tau, \quad \gamma_2 = \alpha_{\tau-2}-\alpha_{\tau-1}, \quad \cdots, \quad \gamma_\tau = \alpha_0-\alpha_1,$$

这里$\kappa_0, \kappa_1, \cdots, \kappa_\tau$与它们在标准形式中相同。因子$\omega^\gamma+1$都是不可分解的。 □

H. 属于第二数类的每个第二类数α可以而且只可以有如下一种表示：

$$\alpha = \omega^{\gamma_0}\alpha',$$

这里$\gamma_0 > 0$，α'属于第一或第二数类的第一类数。 □

I. 要使第二数类的两个数α和β满足关系

$$\alpha+\beta = \beta+\alpha,$$

其充分必要条件是它们具有如下形式

$$\alpha = \gamma\mu, \quad \beta = \gamma\nu,$$

这里μ和ν是第一数类的数。

K. 两个第二数类中的第一类数α和β满足关系

$$\alpha\beta = \beta\alpha$$

的充分必要条件是它们具有如下形式

$$\alpha = \gamma^{\mu}, \quad \beta = \gamma^{\nu},$$

这里 μ 和 ν 是第一数类的数。

为了举例说明所涉及的第二数类的数的**标准形式**以及与之相关联的**乘积形式**的意义，这里给出建立在它们之上的后两个定理 I 和 K 的证明。

I **的证明：** 由假设

$$\alpha + \beta = \beta + \alpha,$$

我们首先得出 α 的次数 α_0 和 β 的次数 β_0 相等，因为如果 $\alpha_0 < \beta_0$，由定理 D 有

$$\alpha + \beta = \beta,$$

和

$$\beta + \alpha = \beta。$$

但是这是不可能的，因为由 §14 的 (2)

$$\beta + \alpha > \beta。$$

因此我们记

$$\alpha = \omega^{\alpha_0}\mu + \alpha', \quad \beta = \omega^{\beta_0}\nu + \beta',$$

其中数 α' 和 β' 的次数小于 α_0，而 μ 和 ν 是不等于 0 的有穷数。现在由定理 D，我们有

$$\alpha + \beta = \omega^{\alpha_0}(\mu + \nu) + \beta', \quad \beta + \alpha = \omega^{\alpha_0}(\mu + \nu) + \alpha',$$

从而

$$\omega^{\alpha_0}(\mu + \nu) + \beta' = \omega^{\alpha_0}(\mu + \nu) + \alpha'。$$

由§14定理D，我们有

$$\beta' = \alpha'。$$

于是

$$\alpha = \omega^{\alpha_0}\mu + \alpha', \ \ \beta = \omega^{\alpha_0}\nu + \alpha'。$$

而且如果记

$$\omega^{\alpha_0} + \alpha' = \gamma,$$

则由(11)有

$$\alpha = \gamma\mu, \ \ \beta = \gamma\nu。 \hspace{2cm} \square$$

K的证明：另一方面，假定α和β是两个属于第二数类中的两个第一类数，而且满足条件

$$\alpha\beta = \beta\alpha,$$

并设

$$\alpha > \beta。$$

由定理G，设想它们具有乘积形式，并且令

$$\alpha = \delta\alpha', \ \ \beta = \delta\beta',$$

其中α'和β'（除1以外）在左端没有公因子，则我们有

$$\alpha' > \beta',$$

和

$$\alpha' \delta \beta' = \beta' \delta \alpha' \text{。}$$

这里和后面将出现的所有的数都是第一类数，因为我们假定了 α 和 β 是第一类数。

参考定理 G 可知，最后一个等式表明 α' 和 β' 不可能是超穷数，因为这样左端将有一个公因子。它们也不可能都是有穷数，因为这样 δ 将是超穷数，而如果 κ 是 δ 左边的有穷因子，我们将有

$$\alpha' \kappa = \beta' \kappa,$$

于是

$$\alpha' = \beta' \text{。}$$

因此只可能是

$$\alpha' > \omega, \ \beta' < \omega$$

这种情况。但有穷数 β' 必然是 1：

$$\beta' = 1,$$

因为否则它将作为部分包含在 α' 左边的有穷因子中。

我们已经得到结果 $\beta = \delta$，因此

$$\alpha = \beta \alpha',$$

这里 α' 是属于第二数类的第一类数，而且必小于 α：

$$\alpha' < \alpha \text{。}$$

在 α' 和 β' 之间成立关系

$$\alpha'\beta = \beta\alpha'。$$

如果还有 $\alpha' > \beta$，作为结论，则存在一个小于 α' 的属于第一类数的超穷数 α''，使得

$$\alpha' = \beta\alpha''，\quad \alpha''\beta = \beta\alpha''。$$

如果还有 $\alpha'' > \beta$，则存在一个小于 α'' 的这样的数 α'''，使得

$$\alpha'' = \beta\alpha'''，\quad \alpha'''\beta = \beta\alpha'''。$$

如此下去，由 §16 定理 B，递减序列 $\alpha, \alpha', \alpha'', \alpha''', \cdots$ 必然停止。于是对某个确定的有穷指标 ρ_0，必有

$$\alpha^{(\rho_0)} \le \beta。$$

如果

$$\alpha^{(\rho_0)} = \beta,$$

则有

$$\alpha = \beta^{\rho_0+1}，\quad \beta = \beta;$$

这样定理 K 得到证明，而且会有

$$\gamma = \beta，\quad \mu = \rho_0 + 1，\quad \nu = 1。$$

但如果

$$\alpha^{(\rho_0)} < \beta,$$

则令

$$\alpha^{(\rho_0)} = \beta_1,$$

我们有

$$\alpha = \beta^{\rho_0}\beta_1, \quad \beta\beta_1 = \beta_1\beta, \quad \beta_1 < \beta。$$

于是又存在一个有穷数 ρ_1

$$\beta = \beta_1{}^{\rho_1}\beta_2, \quad \beta_1\beta_2 = \beta_2\beta_1, \quad \beta_2 < \beta_1。$$

一般来讲，类似地有

$$\beta_1 = \beta_2{}^{\rho_2}\beta_3, \quad \beta_2\beta_3 = \beta_3\beta_2, \quad \beta_3 < \beta_2,$$

如此等等。由 §16 定理 B，递减序列 $\beta_1, \beta_2, \beta_3, \cdots$ 也必然停止。于是对存在一个有穷数 κ，使得

$$\beta_{\kappa-1} = \beta_\kappa{}^{\rho_\kappa},$$

如果记

$$\beta_\kappa = \gamma,$$

则

$$\alpha = \gamma^\mu, \quad \beta = \gamma^\nu,$$

其中 μ 和 ν 是连分数

$$\frac{\mu}{\nu} = \rho_0 + \cfrac{1}{\rho_1 + \cfrac{1}{\ddots + \cfrac{1}{\rho_\kappa}}}$$

的分子和分母。　　　　　　　　　　　　　　□

§20 第二数类中的 ε-数

注意到§18定理F，从数α的标准形式

$$(1) \qquad \alpha = \omega^{\alpha_0}\kappa_0 + \omega^{\alpha_1}\kappa_1 + \cdots, \quad \alpha_0 > \alpha_1 > \cdots, \quad 0 < \kappa_\nu < \omega,$$

中我们可立刻看出，它的次数α_0绝不会大于α；但问题是，是否存在使$\alpha_0 = \alpha$的数。在这种情况下，α的标准形式将退化为第一项，而这一项与ω^α相等，亦即α是方程

$$(2) \qquad\qquad \omega^\xi = \xi$$

的一个根。另一方面，这个方程的每个根α都应有标准形式ω^α：它的次数等于自己。

因此，第二数类中等于它的次数的那些数与方程(2)的根相吻合。确定这些根的全体是我们要解决的问题。为了从所有数中区分它们，我们称它们为"第二数类的ε-数"。从如下定理可知这种ε-数是**存在的**。

A. 如果γ是任意一个第一或第二数类中不满足方程(2)的数，则由等式

$$\gamma_1 = \omega^\gamma, \ \gamma_2 = \omega^{\gamma_1}, \ \cdots, \ \gamma_\nu = \omega^{\gamma_{\nu-1}}, \cdots,$$

可确定一个基本序列$\{\gamma_\nu\}$，这个基本序列的极限$\lim_\nu \gamma_\nu = \mathrm{E}(\gamma)$总是一个$\varepsilon$-数。

证明： 由于γ不是一个ε-数，我们有$\omega^\gamma > \gamma$，即$\gamma_1 > \gamma$，因此由§18定理 B，我们还有$\omega^{\gamma-1} > \omega^\gamma$，即$\gamma_2 > \gamma_1$，以同样的方

式可得$\gamma_3 > \gamma_2$，如此等等。因此序列$\{\gamma_\nu\}$是一个基本序列，我们用γ的函数$E(\gamma)$表示它的极限，则有

$$\omega^{E(\gamma)} = \lim_\nu \omega^{\gamma_\nu} = \lim_\nu \gamma_{\nu+1} = E(\gamma)。$$

于是$E(\gamma)$是一个ε-数。 $\square$

B. 数$\varepsilon_0 = E(1) = \lim_\nu \omega_\nu$是所有$\varepsilon$-数中最小的，其中

$$\omega_1 = \omega, \quad \omega_2 = \omega^{\omega_1}, \quad \omega_3 = \omega^{\omega_2}, \quad \cdots, \quad \omega_\nu = \omega^{\omega_{\nu-1}}, \quad \cdots。$$

证明： 令ε'是任意一个ε-数

$$\omega^{\varepsilon'} = \varepsilon'。$$

由于$\varepsilon' > \omega$，我们有$\omega^{\varepsilon'} > \omega^\omega$，即$\varepsilon' > \omega_1$。类似的，$\omega^{\varepsilon'} > \omega^{\omega_1}$，即$\varepsilon' > \omega_2$，如此等等，一般地我们得到

$$\varepsilon' > \omega_\nu,$$

于是

$$\varepsilon' \geq \lim_\nu \omega_\nu,$$

即

$$\varepsilon' \geq \varepsilon_0。$$

因此$\varepsilon_0 = E(1)$是所有ε-数中最小的。 $\square$

C. 如果ε'是任意一个ε-数，ε''是紧跟其后大于它的ε-数，而γ是介于它们之间的任意数：

$$\varepsilon' < \gamma < \varepsilon'',$$

则$E(\gamma) = \varepsilon''$。

证明： 从

$$\varepsilon' < \gamma < \varepsilon''$$

可得

$$\omega^{\varepsilon'} < \omega^{\gamma} < \omega^{\varepsilon''},$$

即

$$\varepsilon' < \gamma_1 < \varepsilon''。$$

类似地，可得

$$\varepsilon' < \gamma_2 < \varepsilon'',$$

如此下去，一般地有

$$\varepsilon' < \gamma_{\nu} < \varepsilon'',$$

从而

$$\varepsilon' < \mathrm{E}(\gamma) \leq \varepsilon''。$$

由定理 *A*，$\mathrm{E}(\gamma)$ 是一个 ε-数。由于 ε'' 按照大小是紧跟在 ε' 之后的 ε-数，$\mathrm{E}(\gamma)$ 不可能小于 ε''，因此我们必定有

$$\mathrm{E}(\gamma) = \varepsilon''。 \qquad \square$$

由 $\varepsilon' + 1$ 不是 ε-数，这是因为对每个 ε-数，从定义它们的等式 $\xi = \omega^{\xi}$ 可知，都是第二类数，故 $\varepsilon' + 1$ 必然小于 ε''，从而有如下定理：

D. 如果 ε' 是任意一个 ε-数，则 $\mathrm{E}(\varepsilon' + 1)$ 是紧跟其后大于它的 ε-数。 $\qquad \square$

对于最小的 ε-数 ε_0，紧跟其后大于它的是

$$\varepsilon_1 = \mathrm{E}(\varepsilon_0 + 1),$$

紧跟它之后大于它的 ε-数是

$$\varepsilon_2 = \mathrm{E}(\varepsilon_1 + 1),$$

如此等等。更一般地，按其大小次序可递归地得到第 $(\nu + 1)$ 个 ε-数，

(3) $$\varepsilon_\nu = \mathrm{E}(\varepsilon_{\nu-1} + 1),$$

但是无穷序列

$$\varepsilon_0, \varepsilon_1, \cdots, \varepsilon_\nu, \cdots$$

并不包括全体 ε-数，这点可由如下定理得出：

E. 如果 ε，ε'，ε''，$\cdots$ 是任意 ε-数的无穷序列，使得

$$\varepsilon < \varepsilon' < \varepsilon'' < \cdots < \varepsilon^{(\nu)} < \varepsilon^{(\nu+1)} < \cdots,$$

则 $\lim_\nu \varepsilon^{(\nu)}$ 是一个 ε-数，而且事实上依照大小次序，它是紧跟在全体数 $\varepsilon^{(\nu)}$ 之后的 ε-数。

证明：

$$\omega^{\lim_\nu \varepsilon^{(\nu)}} = \lim_\nu \omega^{\varepsilon^{(\nu)}} = \lim_\nu \varepsilon^{(\nu)}。$$

$\lim_\nu \varepsilon^{(\nu)}$ 是按照大小紧跟在全体 $\varepsilon^{(\nu)}$ 之后的 ε-数，这点可由如下事实得出，即 $\lim_\nu \varepsilon^{(\nu)}$ 是第二数类中按大小次序紧跟在所有 $\varepsilon^{(\nu)}$ 之后的一个数。   □

F. 第二数类中全体ε-数按照大小次序形成一个良序集，其序型与第二数类中数按照大小次序形成的良序集的序型Ω相同。因而具有势阿列夫壹。

证明： 按照§16定理C，第二数类中所有ε-数按照大小次序形成一个良序集

$$(4) \qquad \varepsilon_0, \varepsilon_1, \cdots, \varepsilon_\nu, \cdots, \varepsilon_{\omega+1}, \cdots, \varepsilon_{\alpha'}, \cdots,$$

它们的形成规则已经在定理D和定理E中表述了。如果指标α'取不到所有第二数类中的值，则存在一个它不能达到的最小数α，如果α是第一类数，这将与定理D矛盾，如果α是第二类数，又将与定理E矛盾。因此α'只能取遍第二数类中所有的数值。

如果用Ω表示第二数类的序型，则(4)的序型是

$$\omega + \Omega = \omega + \omega^2 + (\Omega - \omega^2)。$$

但由于$\omega + \omega^2 = \omega^2$，我们有

$$\omega + \Omega = \Omega,$$

于是

$$\overline{\omega + \Omega} = \overline{\Omega} = \aleph_1。 \qquad \square$$

G. 如果ε是任意一个ε-数，而α是任意一个第一或第二数类中小于ε的数：

$$\alpha < \varepsilon,$$

则ε满足三个等式：

$$\alpha + \varepsilon = \varepsilon, \ \alpha\varepsilon = \varepsilon, \ \alpha^\varepsilon = \varepsilon。$$

证明： 如果 α_0 是 α 的次数，我们有 $\alpha_0 \leq \alpha$，于是由于 $\alpha < \varepsilon$，也就有 $\alpha_0 < \varepsilon$。但 $\varepsilon = \omega^\varepsilon$ 的次数是 ε；因此 α 的次数小于 ε 的次数。由 §19 定理 D，

$$\alpha + \varepsilon = \varepsilon,$$

因而

$$\alpha_0 + \varepsilon = \varepsilon。$$

另一方面，由 §19 公式(13)有

$$\alpha\varepsilon = \alpha\omega^\varepsilon = \omega^{\alpha_0+\varepsilon} = \omega^\varepsilon = \varepsilon,$$

因此

$$\alpha_0\varepsilon = \varepsilon。$$

最后，注意到 §19 公式(16)，

$$\alpha^\varepsilon = \alpha\omega^\varepsilon = \omega^{\alpha_0}\omega^\varepsilon = \omega^{\alpha_0\varepsilon} = \omega^\varepsilon = \varepsilon。 \qquad \square$$

H. 如果 α 是任意一个第二数类的数，除大于 α 的 ε-数外，方程

$$\alpha^\xi = \xi$$

没有其他的根。

证明： 令 β 是方程

$$\alpha^\xi = \xi$$

的根，则

$$\alpha^\beta = \beta。$$

那么首先由这个公式可得

$$\beta > \alpha \text{。}$$

另一方面，β必定是第二类数，因为否则，我们将有

$$\alpha^\beta > \beta,$$

于是由§19定理F

$$\alpha^\beta = \omega^{\alpha_0 \beta},$$

于是

$$\omega^{\alpha_0 \beta} = \beta \text{。}$$

根据§19定理F，我们有

$$\omega^{\alpha_0 \beta} \geq \alpha_0 \beta \text{。}$$

从而

$$\beta \geq \alpha_0 \beta,$$

但β不可能大于$\alpha_0 \beta$，所以

$$\alpha_0 \beta = \beta,$$

因而

$$\omega^\beta = \beta \text{。}$$

因此β是大于α的ε-数。 □

1897年3月于哈雷

附　录

从某种意义上讲，有穷和超穷算术理论所取得的最重要的进展是数概念的纯逻辑定义。但康托（见前面第56、63、85页）作为一般基本概念定义的"基数"和"序型"，是借助我们思维活动产生的，即是一种心理学意义的存在，弗雷格在1884年的《算术基础》中把"一个类u的数（$Anzahl$）"定义为所有那些与u等价（在前述第57、63页的意义下）的类所构成的类。弗雷格指出，他的数与康托称为"势"的东西是同一个概念（见上述第30、57、63页）而且没有理由限制这些"数"只能是有穷的。尽管弗雷格在《算术的基本法则》的第一卷（1893年）中就已经以逻辑的精确性解决了先前未知，甚至其后若干年仍不为人知的算术上的一个重要的部分，但直到罗素独立地获得"基数"的逻辑定义，并在1903年发表的《数学原理》*（$Principles\ of\ Mathematics$）后，弗雷格的思想才逐渐被广泛了解。接受这一定义的两个主要原因是，用逻辑的基本要素来构造"数"，避免了要假定有某些新的、不确定称为"数"的实体的存在；同时它允许我们立

---

* 第519、111-116页，参见怀特海（A. N. Whitehead），《美国数学杂志》（$Amer.\ Journ.\ of\ Math.$），第二十四卷，1902，第378页，关于这一原理的最现代形式请看怀特海和罗素《数学原理》（$Principia\ Mathematica$）第二卷，剑桥，1912，第4、13页。

即推断确定的类不是空的，所以*u*的基数在逻辑定义下是"存在的"：事实上，因为*u*与它自身等价，*u*的基数至少以*u*作为它的一个元素。罗素还给出了序型，或者更为一般的"关系数"的类似定义。*

自1897年以来，在集合论方面取得的许多重要进展已收集在舍恩弗里斯的论文《点集理论发展》（Die Entwickelung der Lehre von den Punktmannigfaltigkeiten）（莱比锡，1900；第二部分，莱比锡，1908）中。第一部分的第二版于1913年在莱比锡和柏林与哈恩 （H. Hahn）合作出版，题为《集合论的发展及应用》（Entwickelung der Mengenlehre und ihrer Anwendungen）。我们将分别按照出版日期引用这三本书，对于书中没有提及而又需要参考的有关文献，我们也将列出详细的原文出处。

撇开超穷数对几何学和函数论的应用不论，自1897年以来最重要的进展有如下几方面：

(1) 由施罗德 （Ernst Schröder） 1896年和伯恩斯坦 （Felix Bernstein） 1898 年相互独立地给出的前述第67页定理*B*在不假定任意两个基数之间必存在三种大小关系之一的情况下的证明（1900, 第16-18页; 1913，第34-41页； 1908, 第10-12页）。

(2) 由怀特海给出的关于基数的算术运算定义的精确表述以及它们的运算法则的证明（《美国数学杂志》（Amer. Journ. of Math.），第二十四卷，1902，第367-394页），参见罗素的《原理》（Principiles）第117-120 页，一个更现代的形式在由罗素和怀

---

*罗素的 《原理》（Principles） 第262、 321页， 以及 《原理》（Principia）， 第二卷，第330、473-530页。

特海合著的《原理》（*Principia*）第二卷第 66-186 页中给出。

（3）关于任意集合能否排成良序集问题的研究。康托认为（见 1900，第 49 页；1913，第 170 页及上述第 51 页）这个问题可以获得肯定的回答，它所依赖的一个假设由后来 E. 策梅罗和 E. 施密特（E. Schmidt）于 1904 年以最确切的方式提出。其后策梅罗又以"选择公理"的形式表述了它（1913，第 16 页，第 170-184 页；1908，第 33-36 页）。怀特海和罗素在《原理》（第一卷，剑桥，1910，第 500-568 页）中以相当严格的方式探讨了选择公理问题。应该指出，康托在他上述第 79 页定理 *A* 和第 128-129 页定理 *C** 的证明中，不自觉地使用了这个无穷选择公理。哈代（G. H. Hardy）1903 年（1908，第 22-23 页）在证明实数连续统中可能有一个基数为 $\aleph_1$ 的集合时一开始不自觉地使用了这个选择公理。

还有另一个完全不同的问题，它是企图证明任意集合都可被良序化时产生的。布拉里－弗蒂（Bruali-Forti）1897 年已经指出，很容易看出所有序数的序列是良序的，它必定以所有序数中最大数为它的序型，但上述序数随之以它的序型必定有一个更大的序数，因为 $\beta + 1$ 大于 β。布拉里－弗蒂得出结论说，我们必须否定康托 1897 年论文中的基本定理。朱得因写于 1903 年，发表于 1904 年（《数学杂志》（*Philosophical Magazine*），第 6 辑，第七卷，第 61-75 页）的一篇文章中，使用了类似于布拉里-弗蒂的证明方法。文章的主要之点是包含了一个独立的，但事实上与

---

* 事实上，这里必须证明，由可数个**任意**的可数集组成的**任意**一个集合确定一个可数集。为了证明 $\aleph_0 \cdot \aleph_0 = \aleph_0$ 只对**特殊**集合给出证明是不充分的，而在一般情况下，我们必须从无穷个类中的每一个中选出一个元素，而每个类中元素之间无法彼此区分，只能任意选出一个。

康托1895年发现的证明的等同的证明，而在上述的第67，83页定理A的附注中暗含着这一证明的一些线索。康托和朱得因的证明由两部分组成。第一部分证明了每个基数或者是一个阿列夫或者是一个大于任意阿列夫的数，这部分地需要用到"策梅罗公理"，而朱得因关于定理这部分的证明直接源于上述哈代1903年文章中的结果，康托**假定**了所需要的条件是不成问题的，而事实上这样似乎也很合理。

定理的第二部分是要证明大于所有阿列夫的基数不存在，通过对布拉里—弗蒂的证明稍作改进，变成证明不可能存在最大的阿列夫，这一结论似乎可由没有除阿列夫之外的基数这一命题得出。

布拉里—弗蒂发现的悖论已被数学家普遍知晓，但最简单的悖论* 是由罗素（《数学原理》第364-368页、第101-107页）采用康托1892年（参见上述第75页）"所有事物构成的集合的基数"这一短语得出的。罗素悖论可化归为下面的命题：设w是所有那些不是x的元素的项（*term*）x构成的类，则如果w是w的元素，明显可看出w不是w的元素；而由w不是w的元素，同样明显可看出w是w的元素。这些悖论的处理和最终解决涉及逻辑基础问题，许多数学家对与所谓的埃庇米尼得斯† （Epimenides）逻辑谜题有关的悖论进行了许多不成功的探讨‡，而罗素成功地解决了它

---

* 这一悖论是1900年发现的。

† 埃庇米尼得斯是一个克里特岛人，他说，所有克里特岛人都是说谎的。显然如果他的命题为真，则他在说谎。一个人说："我正在说谎"，这句话似乎更接近罗素的命题。

‡ 舍恩弗里斯在他1908年和1913年的论文中用了许多篇幅专门讨论了他关于这里提及的悖论的"解答"。他的解答事实上是想指出这些悖论不属于数学而属于"哲学"。应该指

（参见《数学原理》第523-528页；《原理》第一卷，第26-31，39-90页）。

"关于无穷的两个定义是一致的"的证明要第79页定理*A*（见第83页定理*D*）。这一点参见罗素的《数学原理》第121-123页和《原理》，第一卷，第569-666页；第二卷，第187-298页。

(4) 数类的一般研究，以及1904年、1908年朱得因和1906年海森伯格（G. Hessenberg）所进行的关于阿列夫算术的研究*（1913, 第131-136页；1908, 第13-14页）。

(5) 1904-1907年，豪斯道夫给出的序型的无穷乘积及序型的方幂定义。这个定义与康托在上述第71页†中给出的关于基数的方幂的定义是类似的（见1913, 第75-80页；1908, 第42-45页）。

(6) 柯尼西（J. König）给出的某些基数不等式的定理，及策梅罗和朱得因1908年（见1908, 第16-17页；1913, 第65-67页）给出的这些定理连同康托的一个定理（参见前述第61页）的相互独立的推广。

(7) 豪斯道夫从1906年到1908年关于线序集理论的论文（1913, 第185-205页；1908，第40-71页）。

(8) 黎兹（F. Riess）1903年和布劳威尔（L. E. J. Brouwer）1913年（1913，第85-87页）给出的关于多重无穷序集序型的研究。

出舍恩弗里斯似乎从未理解罗素称之为乘法公理的策梅罗公理的意义。

　*正如在$\aleph_0$乘以自身仍得到$\aleph_0$的证明一样，这里更一般的证明包含了乘法公理。

　†参见朱得因《数学通讯》（*Mess. of Math.*）(2)第三十六卷, 1906年5月。

索　引